世界
正在惩罚
不改变的人

The World Is
Changing

Ⓝ

那时候我们还很年轻，爱与恨都特别强烈，我们要做最喜欢做的事，要和最爱的人在一起。因为青春正好，所以无限骄傲，总以为后面会有一个大好的未来在等着我们。

我相信不少女人都是有野心的，
之所以选择把野心深藏起来，是
因为她们害怕一旦袒露无遗，就
会遭到嘲笑，甚至被视为异类。

时间确实具有催熟万物的魔力，
但很多时候催熟的仅仅是外表，
而不是内心，就好像一个苹果，
从表面看来已经完全熟透了，可
是咬开一尝，里面的果肉却是酸
涩的。

等到长大后，你终于有了自主权，可以自由地选择做什么，这时候却发现，自己已经被上一代灌输的理念洗了脑。没有人逼你了，但你会自觉地去做你应该做的事。你甚至会说，小孩子才谈喜欢不喜欢，成年人的世界里只有应该不应该。

如果你的男人是出于真心爱你才无条件地宠你，那你更应该幡然醒悟了。一开始他的确是想把你捧在手心的，他替你承担了本应承担的那一部分生活责任。可男人也是血肉之躯，长此以往，你说他累不累，一味地索取只会让他恨不得想逃。这才是宠爱难长久的真实原因。

青春对于我来说，就是一段肉体上流光溢彩但是精神上苍白空虚的岁月。相信很多人都和我有过类似的感受，当我们回顾自己的青春岁月时，都不禁为那时的矫情、浮躁和虚度光阴而羞愧。

要消除势利之心是件很困难的事情，
趋炎附势可能是人之本性，就像我们
去看一本书，很多人都是带着势利眼
去看的，拿过大奖的作品即使写得不
好，也很少有人有胆量指出它不好。
以势利来评判万事万物，最大的弊病
是只剩下了成功与否一个标准。

人是多么脆弱，每一次苦难都会
在我们身上留下难以磨灭的伤
痕；人又是多么坚强，只要苦难
不足以致命，就会在泥泞中挣扎
着站起来，重新出发。

三十岁
是最好时光

的开始

一辈子
活得

问心无愧

世界正在惩罚不改变的人

与素衣的相识，始于她写孟小冬：你既无心我便休。

因为喜欢京剧，必然会关注有关孟小冬的评述。我被素衣的文字和解读吸引，也因此记住了这个侠骨柔情的名字。

后来我买了素衣的书《时光深处的优雅》，几乎是同时，我们在作者圈里结识，有了更为密切的联系。

我看到，那些旧时代的民国女子，在她笔下鲜活丰盈。

而素衣的文字，并不止于这一面。

她写原生家庭对人的影响：

"那些带着童年创伤的人，终其一生要学会的是如何带着伤口前行。那些揪着原生家庭不放的人，看起来已经长大了，内心还住着一个无助怯懦的孩子。"

她写女人成熟的意义：

"真正成熟的女人，识进退，知取舍，敢于面对，勇于承担，咽得下委屈，吞得下苦水，从不轻易抱怨，更不轻易诉苦，在经历了岁月淬炼之后，变得更加温和与从容。成熟不是衰老，相反，它意味着源源不断地自我更新。"

她写女性的婚姻观：

"真正理想的婚姻关系，是两个具有独立人格的人因爱走在了一起，他们彼此独立，也互相支持。姑娘们总是在渴望着有一个人能够免我惊，免我苦，免我四下流离，免我无枝可依，却忘了后面的话是：但那人，我知，我一直知，他永不会来。"

这些，都让我有强烈的共鸣。

原来，她并不止步于旧式女子的优雅。

她更看得清，当今女人内心的兵荒马乱。

她用自己的改变，来适应这个世界正在惩罚不改变的人的当下。

我们都曾无数次地思考过：一个女人要走过多少弯路，才能真正独立和成熟。

一切只因，我们都是女人。

在这样一个价值观多元的时代，在这样一个女性意识觉醒、与传统男权冲撞的关口，多少女人惶然不安、色厉内荏地活着。

她们渴望爱情，一腔热忱，却只能爱而不得。

她们叫嚣独立，蔑视男权，却不懂独立的意义。

她们拼命奔跑，生怕掉队，却不知最终要奔向哪里。

素衣懂。我也懂。

因为她们，就是曾经的我们。

能让一个女人成熟的，绝不是年龄。

能让一个女人独立的，也从不是身份。

是阅历，是苦痛。是掉过的坑，碰过的壁，撞过的南墙，流过的汗与泪，吃的苦与甘。

这一切并没有那么可怕。我们要做的，只不过就是从人生的瞬息万变中汲取能量。

终有一天，你身后会长出隐形的翅膀，再也不羡慕虚幻中的天堂，你知道你的因应，就是这方天与地，你的幸福，就是此生此路。

因为改变，所以独立；因为改变，所以成熟。

李爱玲

对于一个女人来说，
最好的情感投资并不是找到一个潜力股男人，
而是把自己当作潜力股，
使劲开发。
无论如何，
多爱自己总是没错的。

世上最好的投资是自己

壹
（（

你要把自己当作潜力股

传说中有种"海绵女"，阅男无数，从每个男人身上都能汲取到精华化为己用，一个又一个男人用身体、用智慧、用才华、用金钱等各种养分将她哺育得越来越艳丽，越来越聪明，越来越刀枪不入。

与此相对的却是反哺型的女人，一个个小母亲似的，把自己的美貌智慧一滴不剩地奉献给了相中的男人，如果真有乳汁，她也恨不能挤出半碗。结果呢，结果把男人养得白胖有才人见人爱，自己这朵鲜花却被榨干了汁液，也只有萎谢了。

所以说，女人啊，千万别嫁那些不如你的人，那样的话，你的生活必将一路下坠，我们可爱的黄蓉便是典型例子。

这么一说，可能会招来板砖无数，可细想一想，姑娘确实不是在胡诌。《射雕英雄传》里的俏蓉儿何等娇俏，何等慧黠，何等人见人爱、车见车载。金庸在写黄蓉出场时不惜浓墨重彩：

"突然身后有人轻轻一笑，水声响动，一叶扁舟从树丛中飘了出来。只见船尾一个女子持桨荡舟，长发披肩，全身白衣，头发上束了条金带，白雪一映，更是灿然生光。郭靖见这少女一身装束犹如仙女一般，不禁看得呆了。

那船慢慢荡近，只见那女子方当韶龄，不过十五六岁年纪，肌肤胜雪，娇美无比，容色绝丽，不可逼视。"

郭靖如果是胡兰成，必然会感叹说"惊亦不是那种惊法，艳亦不是那种艳法"了，对于这个生活在塞北的质朴小子来说，白衣金环的黄蓉，就好像是园子中探出的一枝粉嫩粉嫩的俏桃花，在她身后，是一片烟雨弥漫的江南春，这正是他日夜向往的故乡原风景啊。

浙江舟山现在还有个桃花岛，黄蓉显然是江浙美女的典型代表，身材娇小玲珑，语声清脆动人，记得看央视版《射雕英雄传》时，周迅沙哑的声音差点没雷死我，在我心目中，黄蓉的声音应该是异常清脆的，和人斗嘴时叽叽喳喳说个没完，听起来如大珠小珠落玉盘。

如此姣丽动人，偏偏又慧黠无双，从黄河四鬼到欧阳锋，武林前辈们都被这个小丫头玩得团团转。黄蓉的聪明混合着一点孩子气的天真，好似小孩和大人斗智斗勇，每次都是小孩以巧计胜出，怎不看得人大呼痛快。

所以说，少当读《射雕英雄传》，感受"昵昵小儿女"式的天真和热闹；壮当读《笑傲江湖》，领略人在江湖理想和现实的冲突；老当读《天龙八部》，顿知浮云富贵，敝屣荣华，终归尘土，我们谁都逃不过宿命。

如此可爱的蓉儿，到了《神雕侠侣》中，竟然变成了一个喜欢护短、小心眼、不分是非、智计与武功毫无进展、好似猪油蒙了心的中年妇人，除了还有几分残存的美貌，简直找不到半点俏黄蓉的风采。

每次看《神雕侠侣》，我都异常揪心，尤其是看到黄蓉母女在乱石阵中无比仓皇，差点死于金轮法王的手下，以至于还要指望冤家对头杨过出手搭救时，我那个小心酸小悲哀啊，真是如潮水般泛过心头。

而当看到黄蓉和李莫愁过招，也只不过是打成平手时，我简直是火冒三丈，哀其不幸怒其不争，恨不得跑到她面前质问一问：黄大妈，您这些年干吗去了？怎么活着活着反而活回去了呢？难道年龄都长在……

唉，我这么失态，是因为太爱那个冰雪聪明狡猾可爱的小蓉儿，请大家原谅。

《射雕英雄传》中完全没有李莫愁这号人物，可见人家毕竟是江湖后辈，这两个人就怎么能打成平手了呢？！比师父的话，林朝英再牛也牛不过东邪加北丐吧，比智商的话，还有谁比黄蓉更有脑子呢？

就是这样一个优质学生，要名师有名师，要资质有资质，愣是被一个外来的金轮法王逼得团团转，又和一个不知哪儿冒出来的后起之秀打成了平手，真的让人怀疑，她把时间都用到哪儿去了。

那我们来看看，黄蓉这些年都干吗去了。扳起手指头一数，就知道她生了一个不成器的女儿，当了十几年不管事的丐帮帮主，最重要的是，培养了一个"侠之大者，为国为民"的丈夫郭巨侠。

遥想郭巨侠当年，可不是传说中的天生英才，《射雕英雄传》中俨然一个愣头青傻小子，除了心肠好点、能吃苦点、听话点，还真看不出来是一只潜力股。而我们可爱的蓉儿，和他相比简直有如美玉和顽石，那差距可不是一点点。

可到了《神雕侠侣》中，傻小子郭靖已成长成了郭巨侠，一心以天下为己任，武功也跻身超级高手之列，襄阳虽没守成，却赢得了生前身后名，试想当今武林，何人不高看一眼厚待三分？相形之下，黄蓉却没什么进展，以前的傻小子什么都听她的，现在却心甘情愿地唯郭巨侠马首是瞻，他说不救郭襄就只有眼看着女儿受苦，他要死守襄阳就乖乖陪着他送了命。

原来夫妻之间也是凭实力说话啊，今时今日，两人的地位已经颠倒过来了。年华老去的黄蓉似乎也隐隐嗅到了丝丝危机，所以才不惜再做一次高龄产妇，可惜的是，双胞胎是她生的，命名权却得交给郭巨侠，一名郭襄，一名郭破虏，摆明了誓要一门忠烈的决心。

不知道这个时候的黄蓉，在为名满天下的丈夫自豪时，会不会也有丝丝遗憾？她有没有后悔过当初为了让郭靖学降龙十八掌，绞尽脑汁做出了一道道佳肴来引洪七公上钩，有没有后悔过历尽千辛万苦，只为了让郭靖手刃完颜洪烈？

如果她把这些时间这些心思都花在自己身上，而不是时时刻刻都想方设法望夫成龙，那么在《神雕侠侣》中，我们是不是有可能见到一个正值盛年、智慧与武功都达到巅峰状态的黄蓉？

其实，聪明女子嫁个傻小子并不可怕，可怕的是，她把所有的心血都花在了

"成龙"计划上，却忘了使自己升值。没有任何人能把一个聪慧的女子从珍珠变成鱼眼珠，除了她自己。对于一个女人来说，最好的婚姻投资并不是找到一个潜力股男人，而是把自己当作潜力股，使劲儿开发。无论如何，多爱自己总是没错的。

女孩有必要那么拼

不知从哪天开始，"女孩要富养"这句话突然成了朋友圈刷屏率最高的几句话之一。

人们的关注点大多数放在"富养"两个字上面，作者们也一个个摩拳擦掌，乐此不疲地写着诸如"一个女孩要怎样才算真正富养"的爆文。

我却把关注点放在了"女孩"两个字上。

凭什么一定是女孩要富养，男孩就要穷养？

这是因为孩子们从一出生，就因为性别不同被父母和社会赋予了不同的期待。

有人说，女孩子嘛，富养一点，长大了就能更好地抵御诱惑。这话说得，好像男孩子就不需要学会抵御诱惑了一样。

还有人说，男孩要穷养，这样才能培养他们独立、坚强、能吃苦的优良品质。听着挺有理，实际上纯属扯淡，谁告诉你女孩子长大后就不需要独立、坚强、能吃苦的优良品质了？

性别歧视由来已久，以前的人如果生个儿子，就给块玉让他玩，称作"弄璋之喜"，生个女儿就给片瓦让她玩，称为"弄瓦之喜"。

现在的人倒是不敢这么明目张胆了，于是就整出了"男孩要穷养，女孩要富养"的狗屁理论，总之就是不把男孩和女孩当成同一种生物看待。

我反对的不是女孩要富养，我反对的是男孩和女孩被区别对待。

男孩和女孩呱呱坠地时，除去生理构造外，本来差别是不大的。从男孩、女孩被提倡以截然不同的方式养育时，他们就往两个方向发展，开始了被塑造的一生。

"女孩要富养"的口号，听上去很美很动人，好像女孩子是被优待被照顾的那一方，实际上却透露着对女孩子的隐性歧视。

奉行这一原则的父母们可能会感到很委屈，他们觉得，比起儿子来，他们对女儿好多了啊，家里有什么好的东西都尽量先给女儿，然后才轮得上儿子。他们对女儿的偏爱从称呼上都看得出来，女儿都是"小公主"，儿子则是"臭小子"。

被这样区别教养长大之后，小公主们越来越娇气，臭小子则越来越皮实。这时候再把他们放到社会上去一顿混战，你说小公主能是臭小子的对手吗？

所谓优待和照顾，都是针对弱势群体而言的，女孩从一出生开始，就被父母默认了她们是弱势的，所以才需要优待和照顾。

我认识一个母亲，儿女双全，对待儿子什么都是高标准严要求，对女儿则百般宠爱。理由是，儿子长大后是必须要承担社会责任的，女儿呢，做个贤妻良母就行了。

我很想问问她：你在规划让女儿做贤妻良母前，有没有问过她的意见？凭什么你要限制她未来的多种可能性？

做父母的之所以有这种想法，是因为我们的社会舆论在不断地营造女生和男生就应该被不同对待的氛围，这种言论，很多时候都披着层"优待女性"的面纱。

除了"女孩要富养，男孩要穷养"外，我们能听到的此类言论有：

"女孩子嘛，找份稳定的工作就好，养家糊口这种事，交给男人就行了。"

"女人可以软弱，男人必须坚强。"

"请爱护你身边的女性同事们。"

"一个女人，有必要活得那么拼吗？"

"女人太强势的家庭，通常都不会幸福。"

……

从一出生开始，舆论就不断给女孩子们洗脑，拼命告诉你什么是"一个女人该有的样子"，渐渐地，很多女孩长大后都如他们所愿地活成了"女人该有的样子"，再按照这种理论去教育自己的孩子，如此代代循环。

你要质疑这是为什么，他们就会告诉你：自古如此，天经地义。

什么天经地义啊。那古时候的女人从小就得裹脚，一有外遇就得被浸猪笼，你觉得这也是天经地义吗？

所有束缚人类天性的行为，都不应该被视成为天经地义。女性的平等、独立都是一点点争取来的。

可能有些女性朋友会问，姐们，难道你不想被社会优待吗？

坦白说，我可真的不想被优待，我需要的是被平等对待。

波伏娃有句名言：女人并不是天生的，女人是被后天塑造而成的。

在著名的《第二性》中，她指出：从摇篮时期开始，人们为女孩子设定的生活就是取悦他人，在没有任何自主思想的状态中完成她们的自然宿命，承担不妥协的人生义务——婚姻和生育。妻子和母亲的命运，是男人发明出来用以否认女性自由的。女人之所以成为女人，绝非单纯的生物学原因，而是取决于社会制度和文明。

波伏娃的理论可谓振聋发聩。数十年过去了，我不无悲哀地发现，在塑造女人的进程中，女性自身也在推波助澜。

当一个女人活得不像传统定义的女性时，最反感她的往往不是男人，而是身为同一性别的女人。她们总是在指责那些不按常理出牌的女性，说后者活得不像个女人。

她们给出的理由是"为你好"，她们认为社会主流环境就是如此，人就得顺应主流。殊不知，正是千千万万个她们和他们，才组成了这样的社会主流。一个人如果不是主动想着从自己做起，而是被动地等着环境变化，那时代就不会进步了。

根本就不应该有什么"一个女人应有的样子"，女人本就是可以活得千姿百态的。她可以选择结婚，也可以不结婚；她可以生孩子，也可以不生；她可以强大，也可以温柔；她可以去职场拼杀，也可以回到家庭。女人可以成为什么样子，应该由她自己来决定，而不是被他人定义。

女人是被塑造的，那么男人呢？

男人同样也是被塑造出来的。

社会总是一味放大男女之间的差异，将某些品性归于男性特有，将另外一些特质则看成女生所独有的。实际上，男女出生时，区别真的没那么大。男孩也好，女孩也好，都是差不多的人，具有同样的优点和缺点。

一个人是温柔还是强硬，是内向还是开朗，是勇于进取还是甘于平淡，其实和性别没太大关系。

男孩子可以很温柔很精致，女孩子也可以很强大很肆意。身为父母，需要做的不是去塑造一个好女孩或者好男孩，而是充分顺应孩子独有的天性，让他们成为自己本该成为的样子。

以前的社会老是强调"男女有别"，那是因为在农耕时代，男人和女人由于体力上的差别，确实存在分工的不同。现在随着科技的发展，两者之间的差别已经大大减小，还因循着过去的模式来教育孩子，搞不好会害了你的孩子。

不要强求你的儿子一定要勇猛精进，也不要强求你的女儿一定要温柔和顺。压制天性的后果，会让他们无所适从，甚至产生性别错位。人们说一个男人"娘"，说一个女人是条"汉子"时，往往都暗指这个人的个性偏离了本身的性别。这样的称呼，本身就是充满偏见的。

与其考虑"男孩子要怎么养"，"女孩子又该怎么养"，不如想想"如何把孩子养成一个像样的人"。

你的孩子以后都会长大成人，都要承担起生而为人的责任。男孩和女孩的养育可能会有细微的区别，但本质上是一样的。父母需要做的，就是把孩子培养成一个堂堂正正、有责任有担当的人，这才是最重要的。

我常常期待，未来有一天，男人和女人除却生理上的不同，性别差异会越来越缩小。

在理想的平等社会里，他们只是被生理构造划分为不同性别，本质上，他们都是差不多的人，同样享有求学和就业的权利，同样承担社会和家庭的责任。在个人成长的道路上，他们不再追求"我要成为一个什么样的男人（女人）"，而是会追求"我要成为一个什么样的人"。

到那么一天，我们评价一个女人，不会再以她活得像不像个女人为标准，而是看她活得是否像个真正的人。男人也如是。

曾经看过一本科幻小说，描写未来会出现大量没有性别的人，他们选择工作，不会考虑这是适合男孩子的，还是适合女孩子的，而是喜欢什么，就做什么。他们选择伴侣，也不用考虑对方是男是女，只要喜欢就行。

这样的设想可能有些极端了，其中有关性别平等的理念却发人深思。

我能想到的最美好的事，就是每个人都能够按照自己的天性去发展，活成自己喜欢的样子。我始终认为，只要不损害他人，不危害社会，一个人理应想怎么活就怎么活。

当你从女孩变成女人

周末举行了一次聚会，是和读研时的几个师姐妹。

平时大家都忙，这些年聚少离多，对彼此的印象，大多还停留在读研究生那会儿。

现代人的青春期特别长，那时我们已经不是少女了，但还勉强可以称之为女孩。那个时候的我们，性格虽有些不一样，有些特质却是共通的，比如情感浓烈，对未来充满信心。

女孩时代的一位女同学玲子，一心想做钱钟书那样的大学问家，高中时就通读了《管锥编》，在打下坚实基础的同时，也染上了钱氏特有的犀利和骄傲。

从进校开始，她就不屑与我们这群无心学术的庸人为伍。我记得宿舍卧谈时，大家都表示对学问没太大兴趣，还是毕业了去找份工作靠谱，玲子忽然发言说："你们不想做学术，我还想做呢。"我等庸人听了哑然无言，不好意思再讨论下去。

在宿舍玲子以毒舌闻名，一个有男朋友的女生认了个哥哥，她很严肃地提醒此女："要是你男朋友到处去认妹妹，不知你做何感想？"女生们花痴时讨论梦中情人长什么样，她批评我和另一个女生说："你们都是残花败柳了（已有男朋友了），还瞎想什么？"

还有一位师姐，正在谈着一场全院皆知的恋爱，爱得轰轰烈烈死去活来。她是我们同门的大师姐，一直是老师和同门的骄傲，平素处事理性克制，可一谈起恋爱来就昏了头，怎么付出也不嫌多。她来我们学校读研，后来南下工作，都是在追随男朋友的脚步。奈何一片真心付沟渠。

我曾经有次目睹师姐给男朋友打电话，控诉他对自己是如何如何的冷漠自私，真想不到，那样温婉的一个姑娘，居然也会有撕心裂肺无法自控的一面。

当然她们与我相比还算正常，女孩时代的我，纯粹就是一个不折不扣的神经病与自大狂。叛逆、自我，与环境格格不入，眼睛长在额头上，奉行的人生哲学是"活一天任性一天，最好是在30岁前死去"。

那时候我们还很年轻，爱与恨都特别强烈，我们要做最喜欢做的事，要和最爱的人在一起。因为青春正好，所以无限骄傲，总以为后面会有一个大好的未来在等着我们。

现在，传说中的未来已经到来了，它是否像我们想象的那么美好呢？

曾经憧憬着做大学问家的玲子，成了一名政府工作人员，现在是某机关的第一写手，大到决策规划，小到会议发言，没有她写不了的材料。她本来是想继续读博的，可研究生毕业那年怀孕了，生活的拐点就此展开。

曾经憧憬着进高校的师姐，果然如愿成了一名大学老师。她正在读博，却发现自己并不那么适合做学术。她当然没有嫁给那个爱得要死要活的男朋友，而是嫁给了另一个适合结婚的人。现在的老公很体贴，很温柔，也很有责任感。两人想要个孩子，可暂时还没能如愿。

至于我，更没有什么好说的。半年前辞了职，在家以写东西为生，说得好听点叫自由撰稿人，说得不好听就是无业游民。没错，这是我从小就想从事的行业，但你要知道，小时候我想写的是传世名作，动不动就想挑战金庸，叫板亦舒，可现在，别说传世名作了，我连一篇短短的文章都写得战战兢兢。

你看，从来都没有什么如愿以偿的人生。长大后你会发现，大多数人的生活轨道都远远偏离了原有的规划，而剩下的那部分人好不容易过上了想要的生活，却发现或多或少都要打点折扣。

不知不觉间，我们都从女孩跨入了女人的行列，这不仅仅是外貌的变化，更是心态的变化。

时间拿走了我们身上的一些东西，比如说，傲气。王国维有句诗说"一事能狂便少年"，可能绝大部分人都曾年少轻狂，直到饱经世事后，才明白自己的局限何在。

"一个人到了20岁还不狂，是没出息的。到了30岁还狂，也是没出息的。"这是钱钟书的名言，仔细想来是很有些道理的。才大如海如钱钟书尚知自省，更何况我辈？

可惜的是，伴随着傲气一同失去的，往往还有热血和热情。这是上天给少年人的最好馈赠，随着人到中年，难免会失去一些。我的那位师姐，偶尔还是会梦见以前的那个男朋友。梦醒后有些自责，也有些怅惘，她心里清楚，就算他是渣男，但那样浓烈的爱，这辈子再也不会有了。

时间赠予了我们一些新的东西。比如说，悲悯，也就是对万事万物的同情。电影《桃姐》里面说得好：我们要经历苦难，才懂得安慰他人。

命运对我们每个人并不公平，唯一公平的是，它让我们多多少少吃了些苦头。年轻时是不懂悲悯的，动不动就痛恨某类人，活到我这个年纪才发现，可以责怪的人越来越少，每个人都有他的难处。

时间当然也留下了一些东西，那是早期已经融入我们生命中的东西，再颠沛流离的生活也没法将它拿走。

我那位进了政府机关的女同学，整天以写材料为生，书架上却摆着一排排的钱钟书、顾随、王国维的书。我们坐下一交谈，才发现原来她对学术界的最新动向如此了解，一个个学术名词脱口而出，熟悉程度不让博士师姐。那一瞬间，我仿佛又看到了过去那个意气风发、不可一世的女孩子。

老实说，站在她的书架面前时，我有点落泪的冲动。我看到的不是一本本书，而是一个女人少女时代的遗迹。都说要不忘初心，其实又有几个人能够做到，我的这位女同学，看似背离了年少时期待的生活轨迹，实际上她把自己的初心收藏了起来，珍重地放在书架之上，在每一个青灯摊卷的夜晚里，她依然是她年少时最想成为的那个人。

有句话说人不可能踏进同一条河流，事实上，踏进河流的也不可能是同一个人。人生不是静态的，有些人抗拒成长，有些人却主动拥抱成长，但不管你乐不乐意，今日的你已早已不是昨日的你，更不会是十年前的那个你。

我曾经多么抗拒这种转变啊，连女人这个称呼我都接受不了。后来又走向了另一个极端，拼命想证明自己正处在人生中最好的时光里。别人对我的年龄抱以偏见，我就还之以偏见，这何尝不是一种狭隘？

观察身边的女性朋友们就会发现，大家或多或少都过得有些艰难，不再像少女时那样无忧无虑。但很少见有人真的崩溃，那是因为随着年岁渐长，我们对生活的掌控能力和对风险的承受能力都增强了。

女孩和女人是一个女性生命中的不同阶段，亦舒小说中说，每个少女都是阿修罗，以为自己是宇宙中心，没有什么不可征服。女人呢，则像传说中的地母，柔软坚韧，有容乃大，在滋养他人的同时，自己也在静悄悄地成长。

生命中的每个阶段都有它独特的好与坏。我还是怀念少女时代，却更加喜欢现阶段的这个自己。

我和我的师姐妹们，走过各式各样的弯路，吃过各种各样的苦，崩溃过无数次，也站起来无数次。我们并没有进阶成女神，也没有活成人们所说的"女王"，我们都只是再平凡不过的女人，过着再普通不过的生活。庆幸的是，我们依然没有放弃自己，也依然没有放弃让生活变得更好的决心。

贾宝玉说女孩子是珍珠，到了中年后就变成了死鱼眼珠。我不喜欢这个比喻，如果非要比的话，我更爱把女孩子比作刚出炉的瓷器，娇嫩，脆弱，而女人就像开了片后的瓷器，披着一身的冰裂纹，将累累伤痕转化成另一种美丽。

所以女孩们，千万不要惧怕长大，更不要惧怕变老。你要知道，是沦落成死鱼眼珠，还是蜕变成开片青瓷，归根到底起决定作用的不是时间，而是我们自己。

少女时特别爱憧憬未来，就像纪德诗中说的那样："我生活在妙不可言的等待中，等待随便哪种未来。"

现在，我和我的姐妹们，依旧生活在这种等待之中。我们当然希望上天能够对我们好一点，但同时深知，若上天不那么仁慈的话，只要它给的东西不是特别差，我们多半还是能够接得住的。

拒绝做一个中国式女儿

最近两年，有两则新闻总给我一种所活的地方非人间的感觉。

先是罗一笑的父亲罗尔又出来接受采访，坦诚地对着记者解释不能卖房的原因，理由是三套房一套要给和前妻生的儿子，一套要给现任妻子，另一套自己留着养老用。

这个人编排出什么理由来都不足以让我吃惊了，让我惊讶的是他那种理直气壮的态度。他压根就觉得，把重病在床的女儿排在这一切之后是理所当然的。他觉得这样说大众肯定会谅解。

在之前公众号的文章中，他口口声声说自己如何爱女儿，现在大家才明白，原来他所谓的爱如此有限，原来女儿病得再重，他还是不t会动给儿子留的房子。

这份赤裸裸的自私换来了近乎一边倒的指责，但居然还是有人认同罗尔的价值观，评论说女儿嘛，本来就没有财产继承权，救女儿也要讲个限度，总不能落个人财两空吧。

难怪五岳散人忍不住痛骂：地大物博，畜生众多。

罗尔的女儿还在与病魔做顽强的斗争，另一个小女婴已经失去了活下去的机会。

她出生只有四天，就被血缘上的奶奶活活给掐死了，只因为她的前面已经有一个姐姐了。我真的不愿意用"奶奶"来形容这个女人，我觉得再可怕的恶魔也比她要仁慈几分。

新闻中说她对着这个小女婴的头部不断踩踏，见仍然不死，又掐住了那幼嫩的脖子。只因为生而为女，所以就要遭受这般踩蹋吗？

这个恶魔被抓起来后，儿子、儿媳连同邻居一同为她求情，然后法官只判了十年。

What？

说好的王法呢？说好的杀人偿命呢？

显然在很多人眼里，小女婴的命不是命，杀死她，就像捏死一只小猫小狗，无须负任何责任。想必那位恶魔奶奶还觉得冤枉呢，她掐死的是儿子的女儿，也就是所有物的所有物，凭什么要坐牢？

看到这条新闻，很多人都嚷着让这个杀人恶魔去死。我倒觉得，比较起来，那女婴的父母更需要去死一死。居然还能若无其事地去求情，怎么配为人父母！

喊了这么多年的男女平等，这两桩新闻一报出来，大家才发现，原来重男轻女的陋习还严重着呢。

上面两件事的情况也许极端些，但只不过是千千万万中国式女儿们困境的放大。有一种女儿，她们家里有兄弟（或父母一心想要生个男孩），或多或少地受到了重男轻女的危害，这种我暂且在本文中把她们称为中国式女儿。

《欢乐颂》中的樊胜美就是中国式女儿的典型代表，她挣的工资有一半要给哥哥用，赚来的钱都用来填家里的窟窿了，好不容易买了套房子，爸妈逼着她非得写哥哥的名字，理由是她迟早会嫁给别人，如果写她的名字那房子就成别人家的了。

我身边就有个樊胜美式的朋友，她爸妈为了生个儿子，一口气生了五个姑娘，后面终于生了个男娃。在父母眼中，女儿们存在的意义就是为了帮衬儿子。可笑的是，这对父母觉得自己一点都不重男轻女，因为从小就对儿子严厉，对女儿娇惯，女儿都接受了不错的教育，儿子读完高中就没读了（成绩太差读不下去了）。

只有牵涉到金钱，他们才会暴露出只为儿子着想的本来面目。女儿们出外打工的每分钱都拿了回来，用来攒着给儿子买房子，女儿结婚前都是一贫如洗的。

不夸张地说，金钱有时的确是检验一个人是否爱你的真正标准，连父母也不例外。多少父母口口声声说着爱女儿，其实他们为女儿花的每分钱都算清楚的，对儿子才是完完全全地不求回报。

用我朋友的话来说："给女儿花的钱是一种投资，以后都要想办法收回来，给儿子花多少钱，却从来不会计较。"

于是在一个儿女双全的家庭，通常会出现各种资源向儿子严重倾斜的现象，好的教育，好的机会都被儿子占去了。在以前，女儿辍学打工供儿子是件很平常的事，女儿活该就是被牺牲掉的。现在的情况是，女儿嘛，父母供你读书就不错了，至于财产什么的，你想都不用想，绝对是儿子的。

奇怪的是，到了晚年，父母需要赡养时，往往是女儿更尽心。搁以前，至少传统都默认儿子应该负起赡养责任。生活在现代的中国式女儿最悲摧的就是，她们享受的权利远远不如兄弟们多，她们承担的义务却往往比兄弟们多。

在有些家庭，重男轻女表现得不那么明显，我们家就是。

小的时候，我一直以父母不重男轻女为荣。在我和弟弟间，父母尤其是我爸爸似乎还偏疼我一点。一直到近几年，我开始深入思考有关男女平等的问题，才发现并不是那么回事。

判断一个家庭是否重男轻女其实很简单，就看父母会不会觉得儿女有别，对儿子和女儿是否区别对待。

现在我父母肯定也绝不承认他们是重男轻女的，但他们不知不觉就会区别对待我们姐弟。女儿结了婚，隐隐然就是个外人了，女儿的家事，那是别人家的事，帮忙是情分，不帮是本分。

和房产传男不传女的罗尔一样，他们理直气壮地觉得，这是约定俗成的传统，千百年来，都是这样的，所以他们这样做一点错都没有。

但约定俗成的就一定是对的吗？

我无意去改变父母的观念，因为无力改变。重男轻女这种习惯就如同很多约定俗成的其他习惯一样，被当成传统传了下来，完全成了集体无意识，上一辈的能做到我父母这样的，已经是很不错了。

不仅仅是父母，很多女儿本身也被洗脑了，觉得这就是天经地义的。一个没有被平等对待过的人，也许是不会主动去追求平等的，太多数做女儿的已经习惯了被轻视和被损害，然后又把儿女有别的意识一代代地传下去。

知乎上有个问题，"哪一个瞬间你忽然觉得父母没那么爱你"？我记得当时看到这个问题，眼泪刷地一下子掉了下来。那么多年里，我一直生活在父母最爱我的假象中，也是后来发生的一件件事，才让我发现，如果说父母爱我是九十九分的话，那么他们爱我弟弟就是一百分。那一瞬间我几乎是崩溃的，对于一个孩子来说，没什么比父母不是百分百地爱她，更令她伤心了。

认清这个事实后我很难受，现在敲这些字时还在流泪。我那么努力，那么拼命，很大的一个原因就是想证明儿子能够做到的，我也能够做到，可后来我知道没有用，因为我再怎么努力，也无法改变自己的性别。我曾经试图向他们索取过，但现在已经不再强求了，因为我知道，爱是无法强求的，哪怕是来自父母的爱。

这就是中国式女儿的集体处境，父母不是不爱我们，他们只是更爱我们的兄弟。当父母说：我从不重男轻女。他们也许并不是在骗女儿，他们只是连自己都骗过去了。

那些嘴里说着并不重男轻女的父母们，我很想代天下的女儿们问你们几个问题：

你们在给儿子买房时，有考虑过给女儿买吗？

你们对待女儿的孩子，会像对待儿子的孩子那样无私吗？

你们的女儿生病时，你们会付出一切给她治吗？

爱这种东西，光说是没有用的，如果女儿不能享受到和儿子一样的教育权、继承权、财产权，那么你们爱女儿就并没有像爱儿子一样多。不要拿风俗如此来做借口，承认自己没那么爱女儿，比一味否认可能会让女儿更好受些。

最可怕的是，不出事还好，一到生死关头，很多女儿就成了被舍弃和被牺牲掉的。患白血病的女演员徐婷就是这样，病得那么重，父母还只想着要保住她给弟弟买的房子，舍不得花钱给她治病。

我还记得电影《唐山大地震》里，两个孩子同时被埋在废墟里，母亲挣扎再三，最终决定救弟弟。

母亲的这种行为没什么好指责的，但作为那个被放弃的姐姐，可以想象她心中有多么绝望，我能够理解她对母亲的恨。

同为女儿，我看电影的时候会忍不住代入去想：如果碰到这种情况，我是不是也会被父母放弃呢？

后来女儿还是选择原谅母亲了，就像天底下所有没有被平等对待的女儿们最终都会谅解父母一样，因为我们舍不得割弃那份爱，哪怕那是一份没有百分百的爱。

很多时候，我们不说破，不代表我们不清楚。我们不计较，不代表我们不介意。我们只是舍不得，放不下，割不掉。我们争取权利，并不是贪图财产（比如说我家，就完全无财产可贪），而是想获得同等的爱。说到底，我们只不过是想父母多爱我们一点。

我曾经很羡慕独生女，中国的计划生育政策有许多不足，唯一值得肯定的是，它的确间接推进了男女平等，独生女受惠于这种政策，从生出来就尝到了平等的甜头。

我说过，我已经不奢望能够改变父母的观念了。但我真诚地希望，我们这一代能够中断这该死的轮回，能够切实地让女儿享受到和儿子同等的权利和爱。什么约定俗成，让它见鬼去吧！

写这篇文章，用了我很大的勇气，我不想让父母难过，但是考虑再三，我还是写出来了，我觉得他们应该了解我的真实想法。

这就是我，一个不想失去父母爱的、懦弱的中国式女儿，鼓起勇气发表的一点点微不足道的心声，希望能够被更多相同处境的人听到，让我们一起坚定地对重男轻女说："NO！"

拒绝成长的人才会晚熟

不久前，我回了趟湖南。

作为一枚吃货，回去之前，我就在闺密群里念叨：啊，我要吃鲜猪肉粉，要吃糖油粑粑，要吃回民食堂的大片牛肉，要吃烤排骨，烤得焦一点，放很多孜然！

于是到家的那天深夜，闺密小米就和男朋友开车来接我，一行人浩浩荡荡、气势如虹地杀往烧烤店，把店里有的烤串点了个遍，重头戏当然是烤排骨，小米特意吩咐老板娘：一定要烤焦一点。

结果还没坐稳，家里的电话就来了，说娃在家里哭着找妈妈，不肯去睡。我娃是个执拗的娃，一哭就惊天动地没完没了。

挂了电话，我立马起身要回去，闺密们劝我再等等，好不容易回趟家，至少吃完烤排骨再走吧，我只好坐下了。

烤羊肉串上来了，我边吃边心急如焚；

烤茄子上来了，我还是心急如焚；

等到油汪汪的烤排骨上来后，我已经完全没了胃口，胡乱啃了几口就放下了。

闺密们都看出了我的坐立不安，调侃说：还真不一样了，这搁以前的话，你肯定肉照吃串照撸，让娃哭去吧，哭累了自然会睡着，那时你可真潇洒。

这是潇洒吗？明明是自私啊。我听着满心羞赧，好想去捏死那个"以前的我"。

送我出来时，一个闺密语重心长地说："妹子啊，你终于成熟了，懂事了。"

一句话说得我差点热泪纵横，为这迟来的成熟。

我是个特别晚熟的人，并且曾经恬不知耻地为此感到骄傲。

晚熟的表现之一是拒绝长大。

谁跟我提妇女两个字我就跟谁急。我才不要当妇女，连女人都不要当，最好一辈子做女孩。鲜衣怒马，潇洒淋漓，爱怎么活就怎么活。

拒绝长大的后果就是心智永远都停留在青春期，那些年我活得像个刺儿头，浑身都是刺，还自以为这是真诚坦率。出道多年，待人处事依旧学生气十足，碰到一点困难就想缩回去，躲进自己的壳里。

曾经的同事评价我说："某某啊，你好像永远都只有十八岁。"

我当时听了还心中窃喜，以为他在夸我。现在才明白，人家这是绕着弯说我年纪都长在了狗身上呢。

所以女人啊，当一个人夸你天真时，你千万要当心，如果你还只有十八岁，天真当然是可爱的，如果你过了三十岁还天真，那就有点可耻了。

晚熟的表现之二是拒绝承担。

这一点紧承第一点而来，因为拒绝成长，所以永远把自己当成孩子，而孩子是不需要承担任何责任的，只需享受宠爱和呵护就行。

就在一年前，初为人母的我还根本没有适应妈妈这个身份，常常跟朋友抱怨说："早知道带娃这么辛苦，我就不结婚了。"

明明已经长大了，却拒绝负荷起一个成年人应该承担的责任，结果弄得身边的人特别累，因为他们替你承担了。

那个时候的我，从心底里是抗拒成熟的，觉得成熟就意味着妥协，意味着泯然众人。我从来没想到，有一天我会以别人夸我成熟为荣，并自觉地追求成熟。

到底是什么让一个天真的女孩子逐渐成长为一个成熟的女人？

很多人认为是岁月。

时间确实具有催熟万物的魔力，但很多时候催熟的仅仅是外表，而不是内心，就好像一个苹果，从表面看来已经完全熟透了，可是咬开一尝，里面的果肉却是酸涩的。

所以有些成年人只是从婴儿长成了一个巨婴，习惯性依赖，习惯性自我中心，习惯性地将一切问题的根由归结于他人或上天。

我认识一个姑娘，读书读到了博士后，学历够高了吧，学术水平也很可观，可一和她接触就会发现，她对世事茫然无知，除了读书外基本上没有任何生活常识。她读书并不是因为有学术上的追求，纯粹只是为了逃避进入社会，这妨碍了她的成长。

成熟从来都不是件容易的事，对于女人来说尤其如此。因为很多父母从小就把女孩子当成宠物来养，这样让她们长大之后只想寻找一个怀抱，"免我惊，免我苦，免我颠沛流离"，这样的女人连人格独立都谈不上，更别说什么成熟了。

既然岁月都拿某些人没有办法，那还有什么会促人成熟呢？

我曾经认为是痛苦。

富兰克林就曾说过："唯有痛苦才能给你带来教益。"就我个人而言，也是经历了一场几乎是毁灭性的灾难，才逼着自己不得不成熟起来。

但我发现，不是每个人都能从痛苦中获得教益。

你有没有发现，很多人在少女时期都是鲜嫩可爱的，人到中年之后，就一脸的风刀霜剑，几乎成了暴戾和狭隘的代名词。这是因为她们经历了太多的苦楚，却不知如何从中解脱，结果只能慢慢被痛苦侵蚀，甚至被痛苦吞噬掉。

这类中老年妇女是很可怕的，她们往往视年轻女孩为公敌，恨不得将她们吃过的苦，都让后来者吃个遍才甘心。她们就像站在黑暗沼泽中的人，已经无力逃离，唯一的抚慰就是将其他人也拉进沼泽。

难怪贾宝玉如此仇视中年妇女，将她们比作死鱼眼睛。这样的人，往往自以为成熟，其实只不过是从三十岁开始灵魂就死去了。

作家黄佟佟说，每个成年人都是劫后余生，作为一个现代女性，你有可能会遭遇失业、失恋、失婚等多种苦痛，每一次苦痛都足以将人一口吞掉，只有具有极大勇气和智慧的人才能够在心碎中重生。

写到这里可能会有人问，成熟有这么难吗？人不是该长着长着就自然成熟了吗？

心理学家派克将心智成熟比作是"少有人走的路"，可见成熟本就不是一件顺理成章的事，它只属于极少数的人——那些善于从岁月中获取经验，从痛苦中获得教益的人。

岁月会让有些人变得更加温和，更加宽容，同时却让另外一些人变得更加挑剔，更加狭隘；痛苦会让有些人变成反社会人格，觉得老天和别人都欠了自己的，同时也会让另外一些人变得充满悲悯，学会了同情他人的苦难。

以我为例，我是怎么成熟的？我是被境遇逼着成熟的。有些人是一点一点变得成熟的，而对我来说，成熟几乎来自于顿悟。婚姻没有让我成熟，生育没有让我成熟，老天看不下去了，让我家人生了场病，当头棒喝，顿时开悟。

我领悟到的第一点是：面对。

请记住，不要逃避，永远都不要逃避。

不管人生有多么灰暗，真相有多么惨淡，你都要去直面。逃避是没有用的，逃避只会把问题无限延迟。

举个例子，如果你所在的公司即将裁员，你所要做的就是赶紧去筹划下一步的出路。一味地安慰自己一切都会好起来，或者幻想着自己不会被裁，这些心理上的逃避都于事无补。

我悟到的第二点是：接受。

我曾经最爱问的问题就是"凭什么"：

凭什么人家能够随随便便成功，我却不能？

凭什么人家可以过着悠闲的生活，我却累得像条狗？

凭什么倒霉的事都让我一个人摊上了？

现在我再也不问了。因为我知道，没有凭什么，人生本来就是苦的，上天可能会格外眷顾某些人，可那些人里不包括我。我当然想上天格外优待我，但它不听我的，所以我只得和大多数人一样，接受人生是苦的真相。

命运是你自己的，不管怎么糟糕，你都得一股脑儿地接受，羡慕别人除了让自己难受外毫无意义。

啊，多么痛的领悟！

悟到这一点后，我基本就心平气和了，不再怨天尤人。

光有面对和接受是远远不够的，最重要的是，你得学会去承担。这是我悟到的第三点。

不是所有的问题都会迎刃而解，就像你永远也没办法让一个绝症病人康复。我们能够做到的，只不过是学会以平常心和痛苦共处，和问题同在。

人生就是一连串的难题，一个问题解决了，又会有下一个问题，但只要你勇于承担，不放弃一个人应有的责任，就能最低限度地维持生而为人的尊严和体面。

咪蒙写过一篇文章叫《生育把一个女孩捣碎成很多女人》，其实把"生育"换成"生活"两个字更恰当。我当然也想做个永远的少女，可是生活"啪啪啪"几个耳光甩过来，让我不得不迅速成长。

很多女人都走过和我一样的弯路，潜意识中她们是抗拒成熟的，更不用谈自觉追求成熟了，那么多高歌着"我不想不想长大"的超龄少女，一直要等到命运痛击后才不得不被迫成熟。

心态带来的转变是巨大的，近一年里，不止一个人说我"成熟多了"。

这种成熟，表现在我不再以为自己是宇宙的中心，而是学会了体谅他人，不再时刻想学驼鸟一样将头扎进沙子里，而是主动迎上去解决问题。

但这只是相对以前的我而言，和那些真正成熟的女人来比，我还差得远呢。

真正成熟的女人，识进退，知取舍，敢于面对，勇于承担，咽得下委屈，吞得下苦水。从不轻易抱怨，更不轻易诉苦，她知道自己要什么，也甘愿为此付出代价，在经历了岁月的淬炼之后，变得更加的温和与宽容。成熟不是衰老，相反，它意味着源源不断地自我更新。

成熟与否，并不能降低未来的风险，那我们为什么还要追求成熟？因为只有成熟了的人，才有足够的承受能力，才能够在命运的洪流下，尽量做到宠辱不惊。一句话，成熟不能回避掉你生命中的问题，但能够提高你解决问题的能力。

你当然可以坚持一辈子做女孩，但有句话最好记住，人生那么长，出来混，只怕迟早要还啊。

愿你我都不会白白受苦。

迎难而上的人才有安全感

在如今这个瞬息万变的年代里，要找到安全感似乎是件很困难的事。

我认识一个兄长，毕业后进了一家非常好的公司，待遇优厚，福利令人咋舌，只需出色地完成分内的工作，每过两年都有一次升职加薪的机会。他在这家公司待了近十年，也升到了中层的位置，年薪保守估计也有个二三十万。

按说他应该志得意满才对，可这位兄长表现得很焦虑，这种焦虑甚至在朋友圈所发的内容都体现得出。他为何如此焦虑？因为没有安全感。这两年经济不太景气，他所在的公司已经裁过一次员了，前同事们有些很快找到了下家，有些却高不成低不就。

兔死狐悲，留下来的他不敢再有侥幸心理，所以时时焦虑。想跳槽吧，怕去其他公司没有现在的职位了，留在这吧，又时刻面临着被裁的风险。看上去身居高位，实际上在职场上并无竞争力。

正是这种安全感的匮乏，把越来越多的年轻人逼入了体制内。据我观察，体制内的人的确安全指数要高些，但如果一个人完全不喜欢这类工作，只是冲着稳定来的，很可能就会一边做着手头的工作，一边向往着外面的世界。但他们绝不敢轻易离开，因为一离开，就等于不再安全。

这样的人，看似安全感爆棚，实际上是被安全感绑架了一生，成了安全感的奴隶。

对于安全感的追逐是人类与生俱来的本能，马斯洛的需求层次金字塔中，安全感就居于第二层次，一个人吃饱喝足后，就会追求安全感。

父母那一辈的人普遍将安全感寄托在工作单位上，到了我们这一代，很多人发现这行不通了，看上去再光鲜的行业，说不定很快就不行了，看上去很牛的公司，也许很快就倒闭了。有些行业现在好像是固若金汤，可谁也不知道再过个十年八年，会往哪个方向发展。你可能觉得你捧上了铁饭碗，当年那些国企的职工也是这么想的，结果如何大家都知道的。

靠山山会倒，靠人人会变，把安全感寄托在任何一家公司，或者任何一个人身上都是不可取的，你唯一能够依靠的只有自己。

我正是意识到这一点，才选择离开媒体。因为我深深感觉到，那份工作已经给不了我任何安全感，要想获得安全感，唯有让自身强大。很多人觉得辞职会让人失去安全感，而我辞职，恰恰是想去寻求安全感，我想将未来的命运牢牢掌控在自己手里。

那我现在找到安全感了吗？

只能说找到了一点点，还远远不够。

前阵子和朋友聊天说起这个话题，我说我还是没什么安全感。朋友问我现在收入多少，我大致说了一个数字。

她顿时炸裂了：你一年挣那么多，还在这说没有安全感。你都没有安全感，我是不是该去找块豆腐撞死了？

她这么一说，我才发现自己挣得并不像自己以为的那么少，可是为什么，我还是安全感不足呢？

直到看了偶像梁宁那篇《挣钱的事和值钱的事》，我才恍然大悟。

安全感是什么？不说内心强大之类的虚话，所谓安全感，就是一个人对自己挣钱能力的信心。一个人是否有安全感，并不取决于他现在能挣多少钱，而是取决于他未来能挣多少钱。

我们大多数人，都在一门心思挣钱，对于未来能不能挣更多的钱，却未必有太多的把握。所以我们没有安全感。

用梁宁的那种区分法，大多数人都忙于做挣钱的事，却忘了去做值钱的事。

以我为例。我今年出了不少书，接下来还会出，这让我挣到了一些快钱，看上去我今年的收入会不错，但这对我未来的事业发展毫无帮助，甚至是有害的。

因为在这个过程中，我没有让自己变得更值钱。当其他人在做微信公众号，积累粉丝搭建个人平台时，我在写书挣钱；当其他作者已变成某个领域的专家时，我什么都写，什么都出，结果就是失去了辨识度。

曾经有人指出我这样对于个人品牌的建立相当不利，我当时想的是，没办法啊，我有苦衷的，家里急需钱，我必须挣钱。

好了，现在我挣到钱了，那明年还能挣一样多的钱吗？明年能的话，那五年后呢，十年后呢？

我似乎忘了当初决心全职写作时对自己许下的承诺：不挣快钱，不挣小钱。其实我多少还是有点积蓄的，完全不必要如此一门心思扑在挣钱上。

回顾这一年，我常常想，如果我能专注于某一个领域，如果我能够从一开始就有搭建个人平台的意识，那过去的这一年我才算没白过了，因为那样做多多少少能让我本身变得更值钱。

与我形成对比的是我一个外号叫罐头的同学，他三十多岁了，没有房子，刚买了辆车，存款也不多，对未来却充满了信心。过去的这几年里，他尝试了很多商业领域，摸索出了一套独特的商业实战模式，很多机会找上门来，有公司愿意用入干股的形式请他去做高管，他婉言谢绝了，现在他正致力于推广已获得成功的商业模式。这两年他其实没挣多少钱，却让自己成了一个值钱的人。他看上去没什么钱，却是我认识的人中差不多最有安全感的那个人了。

关于挣钱的事和值钱的事，梁宁用了《穷爸爸富爸爸》中的一个小例子来加以对比：

一个村庄没有水，村长就委托两个年轻人，给这个村庄供水，村民向他们支付费用。

第一个年轻人艾德，马上买了两只大桶，每日奔波于 10 里以外的湖泊和村庄之间。艾德立即就赚到了钱。

另一个人叫比尔，他花了半年时间做了商业计划，找到了投资，注册了公司，并雇用了项目施工管理的专业人员。之后，又花了一年多的时间，比尔修建了一套从湖泊通往村庄的供水管道系统。

清水从水龙头中涌出的那个瞬间，艾德的生意被摧毁了。他赚了一年半的钱。

你是艾德，还是比尔？

想知道你从事的工作究竟是挣钱的事，还是值钱的事，只要问自己三个问题就行：

一、你在所在的公司或行业里，是否具有不可取代性？

二、你如果失去了现在的工作，有把握找到一份差不多甚至更好的工作吗？

三、你有把握五年后能比现在挣得更多吗？

如果答案都是否定的话，毫无疑问，你目前的工作很难让你增值，也就意味着，你很难从中找到真正的安全感。真正的安全感，不是车到山前必有路的盲目乐观，而是对自己才华和能力的充分信心。安全感不是你拥有一个铁饭碗，而是不管你到哪里，都能有一碗饭吃。

挣多少钱都不一定能有安全感，让自己变得越来越值钱，才是获取安全感的最佳方式。只有真正有价值的人才会自带安全感，他们拥有更多的选择权，人生随时可以重来。这样的人，才是安全感的主人，他们既不会被安全感绑架，也不会常常感到不安。

为了生活，我们都不得不挣钱，但在挣钱的同时，别忘了考虑如何才能让自己更值钱。保持一点危机感，把精力集中在让你增值的事情上，永远不要停止学习，永远都要追求成长，这样才会对未来多一些掌控。

这样做很难是吧，确实很难。我自己都还在摸索。让我们一起迎难而上吧。

与君共勉。

你要敢把野心写在脸上

冲着章子怡，我去看了《罗曼蒂克消亡史》。

这次，她依然没有让我失望。这是部群戏，她演的小六不再像玉娇龙、宫二那样挑大梁，但为数不多的几场戏，依然令人过目不忘。

她穿着旗袍一出场，就演出了旧上海滩的风情和浮夸。从一切该发生的关系都要发生的花痴，到任人蹂躏的性奴，她的表演渐入佳境，她的眼睛里总是燃着一团火，一开始是炙人的明火，后来变成了冷冷的焰。

就是这种眼神，将她区别于任何一个穿旗袍的女子。那么精致的一张脸，那么纤细的身段，却让隔着屏幕的人也能感觉到，这是个狠角色。

看见这个熟悉的章子怡，我不禁嘘了一口气，还好还好，当众人都在称赞她做母亲后成了女儿奴，变得越来越温柔后，她并没有丢掉自己在事业上的进取心。除去妻子和母亲的身份，她依然是那个横冲直撞，想要的东西就豁出了命去追求的演员章子怡。

从19岁步入影坛开始，章子怡身上就没离开过"是非"二字。所谓人红是非多，可她身上的是非多不仅仅是因为她红，更是因为她挑战了人们对一个女演员的固定审美。

中国人对一个女人的终极赞美，离不开优雅、从容之类的词语。可章子怡这样的狠角色，事事都站在传统审美的对面。

国人说要姿态好看，她偏偏要用力过猛。国人说要顺其自然，她偏偏要苦心经营。20多岁的章子怡，就像一头生机勃勃的小兽闯进了名利场，她就是要演最引人瞩目的电影，要做全中国最红的明星，要和最有权或最有钱的男人谈恋爱。

这样的野心勃勃，同时又这样的理直气壮，难免让习惯了低调的国人犯了尴尬症，尤其是男人们，更是看不惯这样的女人。

不仅仅是章子怡，在中国，任何一个把野心写在脸上的女人都容易惹人非议。

章子怡的前辈刘晓庆，一辈子都是活在风口浪尖的人物，从来都拒绝所谓要从容优雅地老去，年过六十仍然要演备受宠爱的小姑娘。

刘晓庆的人生字典里，没有"不敢"这两个字，做过演员，出过书，经过商，蹲过监狱。在秦岭监狱里待了422天，每天在狱中跑8000多步，出来后从龙套做起，人生从来不怕重来。

她公然挂在嘴边的一句名言是："每一分钟都要用来挣名挣利！"

严肃八卦的萝贝贝曾经写过一篇关于刘晓庆的文章，说没人敢像她那样，眼里闪着野心，嘴里说着野心，笔下写着野心。

章子怡曾经的闺蜜邓文迪，也是这样一个野心勃勃的女人。年轻的时候，据传她在酒会时故意把红酒泼在传媒大王默多克的身上，借此主动出击搞定了对方，后来虽以离婚收场，却也挣得了过亿身家和不俗见识。

后来，邓文迪更以一则八卦新闻备受关注，她以48岁的年龄，和21岁的男模谈恋爱。两人身着泳衣在海边漫步，谩骂的人比羡慕的人还要多。

邓文迪也许很委屈，她又没做什么伤害他人的事，怎么就这么多不相干的人跑过去骂她？很多年前遭遇泼墨门千夫所指的章子怡想必也很委屈，她们不明白自己到底做错了什么。

她们不知道，在奉行低调谨慎的男权社会，她们的存在，本身就构成了一种冒犯。

野心在我国从来都不是一个褒义词，当野心和女人挂钩时，更是成了彻头彻尾的贬义词。一个女人最好是毫无野心，如果一定要有，那也得藏着掖着。按照传统的观念，像刘晓庆她们，公然宣称要名要利，这还像个女人吗！

这样的女人，铁定是不讨"直男癌"欢心的。我有个做编辑的朋友，是个文化人，从事的也是文化行业，提起章子怡、刘晓庆来就连连摇头，说她们都是负面人物，理由是欲望太强烈了。

What?

就因为人家对欲望不遮不掩的，就成了负面人物？男人们我是看不懂了。

更让我看不懂的还有某些女人。身为同类，她们总是对此类女人充满了憎恶，认为一个女人就应该云淡风轻岁月静好，活得那么用力干吗呢，姿态也太难看了点。

那种从心底散发出的恶意让人不禁直打冷战，你不用力就算了，非得让全世界的女人像你一样吗？

令我欣慰的是，已经有越来越多的女人意识到"女人不能有野心"是对我们自身的桎梏。在一个时尚公众号读过一篇关于章子怡生育前后的对比文章，盛赞现在的章子怡温柔且有力量，不少女性读者反驳说，温柔是一种美，野心勃勃何尝不是另一种美，为什么一定要觉得温柔就比野心更美呢？

说得真是太好了。

我真想给这位读者点上一万个赞。讲真，我还更喜欢之前那个野心勃勃的章子怡呢，那时她全身都是生命力，让人一看就惊叹：没有什么是她征服不了的。

女人本来就不应该只有一种样子，也不应该只有一种选择。你有权以任何一种方式度过一生，只要你自己喜欢，旁人无权指手画脚，你也无须对旁人指手画脚。

我相信不少女人都是有野心的，之所以选择把野心深藏起来，是因为她们害

怕一旦袒露无遗，就会遭到嘲笑，甚至被视为异类。

其实何必勉强自己去扮演自己并不擅长的角色呢，不是每个女人都要走相夫教子那条路，也不是每个女人都安于过平平淡淡的生活。就像章子怡，只有在扮演那些契合她性格的狠角色时，才会绽放出独有的光彩。

坦白说，我自己就是一个很难从日常生活中找到乐趣的女人，我喜欢过用力一点的生活。曾经有人问我："你为什么要选择全职写作呢？"

我老老实实地回答说："可能是因为我虚荣吧。"我从来不讳言我想出名，想挣更多的钱，如果没有做到，那是我本事不济，我可不想装作我不想要。

身为女人，世界给我们的禁锢已经够多了，我们就不要再给自己套上桎梏。直面自己的欲望，尊重自己的欲望，追求自己的欲望。如果你不去力求改变，永远都不要奢望某些男人能够主动放下"女人该如何如何"的成见。

每个人都有她独一无二的天性，你是只鹤，就不妨慵懒地行走在天地之间，你是只鹰，就去搏击长空，一飞冲天。

鹤和鹰之间，都不必去嘲笑彼此的生活方式。

活在过去的女人们，还在幻想通过征服男人来征服世界；活在现代的女人们，却早已经学会想要什么就自己去争取。

正如刘晓庆在微博上的简介所言：征服世界的不是只有男人。

希望你我也能如她一样霸气。

用细节把日子过成诗

在优酷上看到一个视频，以演唱《忐忑》风靡了网络的龚琳娜站在舞台上，静静地唱着一首歌，为她抚琴伴奏的是一个老外。她一开口，我就惊呆了，唱的居然是李白的《静夜思》，这流传了千年的诗篇，在这位现代女子的歌声中，仍是古意盎然。

诗不仅可以兴观群怨，而且还是可以用来吟唱的。

头一次让我知道古诗原本可以唱的人，是胡老师。那时候我还在岳麓山下求学，某次上唐诗选读时，胡老师谈到了李白的《三五七言》，说这首诗原是古琴曲，可以配乐唱的。学生们撺掇着求她一唱，胡老师放下手中的书，慢慢站起来，清清嗓子唱道："秋风清，秋月明，落叶聚还散，寒鸦栖复惊……"我一惊，这不是《神雕侠侣》结尾处的那首诗吗？初次听胡老师唱诗，只觉得和平时所听的流行歌曲大不一样，歌声低回，清越持重，迥别于当下流行的靡靡之音。

胡老师渐渐唱得动情："入我相思门，知我相思苦，长相思兮长相忆，短相思兮无穷极……"她的眼睛微微眯起，望向一个不知名的去处。虽然身处于斗室之中，不知为何，这歌声却把我带到了小郭襄所在的华山之巅，恍见明月在天，清风吹叶。

后来，师姐妹们曾经帮胡老师录过一个光盘，是她唱的各种古诗词。除了这首《三五七言》外，还有《蒹葭》《水调歌头》《菩萨蛮》《雨霖铃》等。她的普通话长沙口音很重，吐词并不十分清晰，可是别有一番深情，像能把人引进古诗词的意境中去。

胡老师是个大而化之的人，很少指导我们做学问的细节流程。现在回忆起来，对于我来说，她充当的是一个精神导师的角色，我这个乡下来的野孩子，在她的引领下，跌跌撞撞地进入了一个新的领域，那里繁花似锦，满园春色，即使只逗留了片刻，也足以受用终生。

也许反差越大吸引越大，我对胡老师的仰慕，在很大程度上是基于一个乡里妹子对名门闺秀的艳羡之情。胡老师出身名门，曾祖是胡林翼，当年和曾国藩左宗棠齐名，可以说是不折不扣的名门。她常常跟我们说，小的时候父亲把她抱在膝头，指导她读《聊斋志异》，打下了深厚的古文基础。文化要靠诗书传家才能得以更好地延续，这里传承的不仅仅是知识，更是一种优雅、精致的生活态度。

多少年以后我看胡老师的博客里说，儿时不管如何困苦，父亲都会带着家人一道去河西，春来观桃，三秋赏桂，心中顿时神往无比。天底下的父亲都是爱孩子的，可每个父亲表达爱的方式不同，比如说我爸，他会摘桃子回来给我吃，却无论如何想不起要带我去看看桃花。

有此家风，胡老师像是从宋代穿越过来的女子，不管外面的世界如何浮躁，始终保持着从容的内心节奏。师姐妹们一有烦心事都爱向她倾诉，有时看见她，就觉得满腹心事都消散了，人也变得沉静了，因为她身上有一股静气。

在春花秋月唐诗宋词的滋养下，胡老师出落得颇有名士之风。我记得有次她给女生做讲座，主题就是《如何做一个大气的女人》，这也是她一直追求的人生境界。现在回想起来，她确实有不拘小节、脱略豪爽的一面，比方说不刻意打扮、不经营家业等。胡老师的普通话湘音很重，偏偏嗓门又大，一群人围在一起谈天说地，隔得老远都能听见她朗朗的笑声。

天气好的时候，她喜欢把岳麓山当作课堂，带着我们一同去登山，边走边聊，洒下一路欢笑。有一次，她站在岳麓山顶，迎风脱口吟道："清风吹我衣！"顾盼间颇为得意，自诩为佳句天成。我天性愚钝，难以领会此句妙在何处，只是抬头望见胡老师一脸悠然，山风吹得她衣袂飘飘，的确大有出尘之感。师姐小邬回忆说，考研面试时，胡老师曾问她："诗云悠然见南山，你的南山在哪里？"小邬回答说是岳麓山。胡老师深深引之为同道，原来她一直也视岳麓山为精神家园，曾自号麓山老农。

和很多五十多岁的同龄人一样，胡老师也属于被耽误的一代，经历过辍学、下乡等诸多风波。她在四十五岁那年终于拿到了梦寐以求的博士文凭，事实上在此之前，她早已是学校破格评定的教授，带了多年的研究生。她不看电视，不打麻将，唯一的爱好是看书和写论文，书房里整整四壁的书，后来为了方便查询资料，总算与时俱进地学会了上网。她曾戏说自己是典型的"无知少女"：无党派人士、知识分子、少数民族、女性。

她看书的时候，喜欢在空白处随意批注，前面写着两个字"胡说"，后面则是点睛式的评语。我们都爱去她的书房借书看，不是因为那些版本有多么珍贵稀少，而是因为时不时可以看见这些精彩眉批，有次借到一本有关佛学的书，里面长长短短足足有上百条"胡说"，读起来像是亲耳听见胡老师的教诲，妙的是更加随意。

胡老师形容那些热心功名的人，常常用蒲松龄的一句话说此人"从头至踵皆俗骨"。她这个人，全心全意都用在学术上，用她的话来说，把全副心思都放在了无用的事物上。对俗事倒是半点不经心，所以她的家里总是有点零乱的，衣服和书扔得到处都是。她对饮食也不讲究，饭桌上常年都是豆腐青菜，有时她留我们吃饭，打开冰箱一看，里面空空如也，只得作罢。

私心里我是希望胡老师能够吃丰富点，多吃点肉，不仅仅是因为多吃鱼肉可以增加营养，更因为作为一个食肉动物，我难以免俗地认为，爱吃肉的人会活得比较快乐一点。

不敢相信我们已经分别了这么多年，这些应该仅仅是几年前的事情吧，现在说来却如同隔了一个世纪。这几年里，我南下工作，为稻粱谋，渐渐面目可憎言语无味，但那一幕从未在我心中淡去，反而越来越清晰。

仿佛还是昨天，我在课室里听胡老师唱着《三五七言》，她是如此优雅深情。每当被逼仄的生活压得喘不过气时，我就会想起，我曾是那样一个心地柔软的女子，有过那样一段与美好为邻的求学生涯，胡老师，谢谢你，让我懂得了什么是诗意的栖居。

让内心的豁达在失意时活过来

你有没有真正绝望过？

我有过。

最绝望的时候，一遍遍问老天，为什么要这样对待我？走在街上，看见每个人都会羡慕，觉得所有人都比我幸运。（别问我发生了什么，我暂时不想说）

刷微博时看到有人遭遇车祸，就会忍不住想：为什么死的那个人不是我？

出去采访时，聊着聊着就有眼泪冒出来，只好偷偷跑去洗手间把泪水擦掉。晚上更是彻夜难眠，躺在一片黑暗里，静静地流着眼泪。

我在我的痛苦之中，日夜不息。

就像张爱玲所写的那样，那痛苦像火车一样轰隆轰隆一天到晚开着，日夜之间没有一点空隙。一醒过来它就在枕边，是只手表，走了一夜。

那时候我甚至对张爱玲感到愤怒，认为她只不过是失个恋，就痛苦成这样，实在是太过分了。实际上我对所有人都感到愤怒，谁要安慰我说每个人都有苦楚，我就会恨恨地想，就你那点事，能跟我摊上的事比吗？

这样的状态持续了可能有大半年。

直到有天夜晚，我可能太累了，很早就昏昏沉沉地睡过去了。然后就做了个梦，梦见什么早已不记得了，只记得是个特别美好的梦，我已经很久没有笑过了，可在梦里，笑得那样欢畅，仿佛从来没有经历过沧桑。

醒来之后，月光从窗外撒进来，铺了一地。

我意识到，刚刚做梦的时候，我完全忘记了让我揪心的事，痛苦那只手表在梦里停止了走动。

李煜的一句词蓦地划过心头：梦里不知身是客，一晌贪欢。

读李煜词的时候我还是个少女，偏爱的是"问君能有几多愁，恰似一江春水向东流"之类恣意的悲伤，根本领会不了什么叫作"梦里不知身是客"。

直到这个夜晚，它忽然在我的心头活了过来，击中了我，刺痛了我，也安慰了我。就在那一瞬间，我彻底感受到了李煜在写这首词时那种无计回避的痛楚。

那时，他已经不再是南唐帝王了，而是被软禁起来的阶下囚。宋太祖在物质上并没有苛待他，他本可以没心没肺地活着，就像陈叔宝一样。

可他是个词人啊，词人的心灵是何等敏感，这颗敏感的心过去让他体味到了比常人更多的快乐，此刻却让他感受到了更深切的痛苦。亡国的耻辱缠绕着他，无时无休，发之为词，才有了那些以血泪铸就的名句。

一个春天的夜晚，下着雨，他像往常一样，喝了点酒，好趁着那酒意睡去。他做了个很美的梦，梦里有他的江山，他的子民，他心爱的大小周后。这个梦就像一个小型的时光穿梭机，带他回到了年少无忧的岁月。

他开心得笑出了声，连被冻醒时，还沉浸在那快乐中不能自拔。

春雨在殿外沙沙地下着，雨声惊破梦境，他这才意识到，原来那只是场梦，像他这样的罪人，也只有在梦里，才会暂且忘记他的亡国之恨，才会有片刻欢愉。梦里的快乐让他回味，同时也让他有些负罪感。现在梦醒了，他又得继续回到他的痛苦之中。

雨还在下着，他再也睡不着了，索性披衣起床，带着对梦的回味，带着些微的负疚，写下了千古名篇：

　　帘外雨潺潺，春意阑珊。罗衾不耐五更寒。梦里不知身是客，一晌贪欢。
　　独自莫凭栏，无限江山。别时容易见时难。流水落花春去也，天上人间。

流水落花春去也。春天就要逝去了，他的生命也将要走到尽头。这是他生命中的最后一个春天。几个月后，他被宋太宗着人送来牵机药毒死。据说牵机药发作时会引起全身抽搐，身子会痛得弯成像一把弓。

每每想到他的结局，心里总有些抽痛，不为他的死，而是为他死时的惨状。那样文雅高洁的一个人啊，怎么忍心见他口吐白沫，在泥土中抽搐，在尘埃中挣扎。如果可以，我宁愿代他去死。

还好，他留下了那些词，抚慰了千千万万个真正伤心的人。

就像那个月夜，我从梦中醒来，想起他的那句"梦里不知身是客，一晌贪欢"来，突然觉得自己并不是一个人，我所经历的那些苦楚，原来早就有人经历过。我虽然不幸，可天底下的不幸者，又岂止我一个。

当一个人从自身的痛苦中抽离出来，开始能够体会其他人的痛苦时，他就得到了某种解脱。

从那以后，我就不大哭了。

最近，广东终于降温了。

天气一变冷，雨水也多了。广东的冬雨就像江南的春雨一样，绵绵密密，一下起来就没完没了。

我有晚饭后散步的习惯。写东西的人，一天到晚宅在家里，也就这么点放风的时间。

那天才走到楼下，就下起了雨。小区里和我一同散步的人见下了雨，很多都急急地奔了回去。

我倒不怕，反而迎着那雨走了出去。雨不大，毛毛细雨洒在头上发间，有些微微的凉意，让人感受到季候的变化。

雨渐渐下得大了些，我身上的衣服反正已经弄湿了，索性不管它，还是慢慢地在雨中走下去。

雨水落在芭蕉叶上，凝聚成水珠"啪嗒"一声掉在地上。我听着那雨声，忽想，这情境，倒是有点像苏东坡笔下的"莫听穿林打叶声，何妨吟啸且徐行"。

写这首词时，我们的苏大学士因为一场莫须有的诗案，被贬到黄州已经第三个年头了。

都说苏东坡旷达，其实他每经历一次苦难时，开头的心境都和我们这些看不开的凡夫俗子差不多，也曾灰心丧气，也曾抑郁悲愤。

初到黄州时，他是有些愤懑不平的，也颇吃了一些苦。没有房子住，只得暂且寄寓在寺院里。没什么钱，只好量入为出，连买米的钱都要算来算去。

可东坡的过人之处，就在于他始终是个无可救药的乐观主义者。在黄州，他很快就转型为一个自力更生者，著名的"东坡"就是他在此期间开垦出来的，著名的"东坡肉"也是这时开发出来的，黄州人民都不爱吃猪肉，他老人家乐得低价买回来，细火慢炖，还成了一道名菜。

到黄州来后的第三个春天，他和朋友们一道去郊外游玩，走着走着就下起了雨，同行的人一个个东奔西跑，狼狈不堪，只有他依旧在雨中慢慢地走着，一点也不慌张。

他可能也觉得自己真是好样的，忍不住填了首词，记下了这一幕。

年少时读这首词，欣赏的是"一蓑烟雨任平生"，是"也无风雨也无晴"，现在深有体会的却是"莫听穿林打叶声"二句。

雨一旦下起来，周围没有躲雨的地方，你跑得再快，也跑不出这漫天风雨。

那就不跑了，索性把脚步慢下来，"何妨吟啸且徐行"，前方是雨是晴，不用管它，我们只需慢慢地走下去就行。

雨还是继续下着，一点也没有停的意思。我郁闷了好久的心情，却被这雨水冲刷得格外澄明。

我知道我现在身处窘境中，我也知道这窘境可能会持续好长一段时间。索性就不急于摆脱，在这窘境中慢悠悠地往前走。

我当然希望前面天能放晴，但如果这雨要一直落下去，我想我也能够心平气和。

在前段回湖南的日子里，我曾和一个老朋友坐在山顶的亭子里聊天。

有一搭没一搭地聊着，琐琐屑屑的，都是别后琐事。

她忽然问我：这些年，你过得还好吧?

我怔了怔，回答说：还行吧。然后将头扭过去，对着满山的红叶说：你瞧瞧，今年的枫叶红得真早啊。

她忙说是啊是啊。

忽然想起，数百年以前，也是在这么个秋天，空气中有了些凉意，一个刚被弹劾去职的词人和朋友行于博山道中，眼见到满目秋色，于是写了这首词：

少年不识愁滋味，爱上层楼。爱上层楼，为赋新词强说愁。

如今识尽愁滋味，欲说还休。欲说还休，却道天凉好个秋。

这个填词的人大家都知道，他叫辛弃疾。

世人都知道辛弃疾是个杰出的词人，却很少有人知道他其实是个真正的英雄。二十二岁时曾干过率领五十人马，闯入金军帐营斩下叛徒首级的壮举。

少年心事当拿云，自以为万里江山收复在望，功名利禄手到擒来，那时哪懂得什么叫作愁呢？只是为了方便写词，才满纸的愁啊哀啊。

如今半生失意，壮志蒿莱，在旁人看来，一定是满腹心酸吧。他却将心酸咽了下去，淡淡地说，今年秋天的天气，真是凉爽啊。

初读这首词时，正是"为赋新词强说愁"的年纪，只喜欢前半阕，觉得后半阕不仅不够洒脱，而且有些做作。你看李白多好，愁起来就要抽刀断水、举杯消愁，连忧愁都那样酣畅淋漓，哪里像这词中的人，明明满腹哀愁，偏要欲说还休，真是让人读了不痛快。

现在我知道了，写词的那个人，他不是假装看淡了世事，他是真的看淡了。多少事，欲说还休。不是不心酸的，可又有什么好说的呢，反正说出来也于事无补。

他已经不再年轻了，但还没有老。年少时埋在他心里的有些东西早已破灭了，有些东西仍在闪闪发光。走过了那么多路，经过了那么多事，幸好还有这秋色可以给他安慰。他已经没那么斗志昂扬了，但依然对生命充满热情。所以才会对着这琳琅秋色，赞一声"天凉好个秋"。

这，才是真正的豁达。

写到这我才发现，这些我后来才读懂的句子，大多是词，不是诗。（标题仍然用诗，用词觉得不太顺口）

诗是属于少年的，词却带着些暮气。所以木心说"宋词是唐诗的兴尽悲来"。我忽然对这些词心有戚戚，可能是因为我也已经活到了兴尽悲来的年纪。

王国维曾经用词来形容人生三境界，我的这篇小文，也可以看作我个人的痛苦三境界：

第一重境界是"梦里不知身是客，一晌贪欢"；

第二重境界是"莫听穿林打叶声，何妨吟啸且徐行"；

第三重境界则是"如今识遍愁滋味，欲说还休，欲说还休，却道天凉好个秋"。

准确地说，更像是我个人在痛苦中求解脱的三境界。

年少时读这些词，我还是个懵懂少女，根本不知道后面有什么在等着我。想不到的是，那些散落在心里的诗句，会在某一天忽然活过来，契合了我当时的生命状态。我和隐藏在这些词后面的作者劈面相逢，于是整个儿地得到了抚慰。

人生漫漫，我仍然不知道后面有什么在等着我。但是有什么关系呢，我知道总会有一句词，或者是一句诗，甚至是一本读过的书，在前方潜伏着，等着给我安慰。

真正理想的情感关系，
是两个具有独立人格的人因为爱走在一起，
彼此独立，也互相支持。
他们就像舒婷诗中的橡树和木棉一样，
共享流岚虹霓，分担寒潮风雷，
仿佛永远分离，却又终身相依。

情感 越独立，活得 越高级

贰

世上哪有将你宠上天的爱

逛论坛发现有个姑娘发帖子说："28岁了，想找个干净的、温暖的、特别宠我的大叔。我们不急不躁地相处，然后结婚，好吗？"

"宠你，又是大叔"说真的，怎么听着就像变相的"求包养"呢。

别说，和这个网友有着相同需求的姑娘还真不少，在情感论坛上，不止一个姑娘都表示，找男朋友没别的要求，只要很宠自己就好。有个小女生说，她就喜欢被人捧在手心里的感觉。捧在手心……姑娘，你当自己是优乐美吗？

"宠"这个词，不知不觉成了一个为姑娘们量身定做的词，总是有无数情感导师跳出来告诉你：男人需要崇拜，女人需要宠爱；找一个无条件宠爱自己的男朋友很重要；真爱你的男人，会把你宠上天……这些文章传达的都是同一个意思：对于女人这种生物来说，你只需宠着行了。

网上有段流传甚广的话说出了这类姑娘的共同心声："我一生渴望被人收藏好，妥善安放细心保存。免我惊，免我苦，免我四下流离，免我无枝可依。"

这话曾经被传成是李碧华所说的，后来有人澄清说不是的，我更偏向于不是她说的。李碧华那么尖刻通透的人，怎么可能"一生渴望被人收藏好"！男人碰到她，怕是只有被收藏的份。

那么，姑娘们所谓的宠爱具体来说到底有哪些具化的表现呢？

某网站此类的热门问题大把，试举一例，比如有一个很宠很宠你的男朋友是种什么样的体验？随便摘取一些回答：

"壕，我喜欢这个。""买。"

"壕，我想要这个。""买买买！"

"壕，这几件衣服都好看……""那就都买！"

"我给他的备注都是'小爹地'。你们知道上天是什么感觉吗，他能把我宠上天！"

"又多了一个爸爸。"

"从此后不用剥虾了。"

……

大部分答案看得我都头皮发麻，有一种不太舒服的感觉。总结起来，所谓宠上天，一是指经济上的，可以让你无休止地买买买；一是指生活上的，饭来张口衣来伸手；一是指情感上的，永远无条件地让着你，你说什么都对，你做什么都好。

难怪心理学家武志红概括说：中国人普遍的情感模式就是找妈，而对于一部分姑娘来说，在家时被爸爸当成小公主一样宠爱，等长大后，潜意识只是想找个像爸爸一样的人来把自己宠上天。

越是恋父情结深重的姑娘，越倾向于找个"溏心爹地"。

中国姑娘为什么这么渴望有人宠？可能是因为媒体也好，影视剧也好，都在塑造一种"女孩子就是要被宠"的舆论氛围。都说女孩要富养，结果就是不少父母把女孩子当成宠物一样养大，等成大了再找个接盘侠继续宠。

这种情感模式，结果就是养出了一堆完全没有独立性、只知索取不会承担的宠物女孩，怪谁咯？

不怕你们笑，我二十岁的时候也曾经把是否宠我当成选男朋友的第一条件，结果也如愿以偿了。直到结婚后碰到很多问题，才让我对宠与被宠这种关系进行了反思。

作为过来人，我不太建议女孩子把"宠"当成择偶的必要条件，至于那种把你宠上天的，最好是离他远远的。

这是为什么呢？

首先，宠与被宠，本质上是一种不对等的关系。

对于中国人来说，"宠"这个词源远流长。在漫长的男权社会里，我朝是没有"爱"这个词的，只有"宠"。

"宠"，通常用来形容君王对妃嫔的过分偏爱，比如唐明皇对杨贵妃，就是三千宠爱在一身。而在民间，通常被用来形容男子对小妾的感情。

这么看来，"宠"几乎成了男人对姨太太的专用词语。男人们很少"宠"正室，他们把尊敬留给了正室。

所以"宠"这个词语其实带有男权时代的遗留色彩，虽然随着时代的发展，它的内涵和外延都有所扩充，还是透露着一种浓浓的居高临下的不平等感。

只有姑娘们嚷嚷着要"宠爱"，却从来没听男人们说过想要"被宠"。其次，"宠"这种东西，往往是易变的，靠不住的。

男人可以宠你一时，却很难宠你一辈子。所以古时候的那些妃子啊妾啊，要想出各种各样的办法来"固宠"，她们比谁都清楚，男人的宠爱太容易转移目标了。

习惯被宠的女人失去宠爱会是什么下场？在古代，通常被打入冷宫，终日以泪洗面，红颜未老恩先断。集三千宠爱于一身的杨玉环，最后被她的男人赐了自尽。

她们也不明白，男人为何会翻脸比翻书还快，说好的要一辈子宠爱呢？现代没有冷宫了，可是有冷暴力啊。冰火两重天的滋味，想想都不好过。

看起来，被宠的那一方在双方关系中完全占优势，其实真正掌握主动权的是施宠的那一方。等你习惯了被宠上天，一旦有天不再被宠了，那种从云端跌落的感觉，好受吗？

你只要观察下人们对宠物狗的态度就知道所谓的"宠"有多靠不住，小狗被宠时，主人心肝宝贝地叫着，简直拿它们当儿女一样，可只要小狗忤逆了自己的意思，就有被赶出家门的危险。

再次，宠与被宠这种关系，对双方都有害。

被宠，往往就意味着依赖，而且是过分依赖。

那些让男朋友纵容着一味"买买买"的姑娘，有意无意地，都将对方当成了自动取款机。

有些姑娘说：你也太小瞧我了，作为一个新时代的独立女性，钱，我自己能挣，我要的只不过是被宠爱的感觉。

可是姑娘，比经济依赖更可怕的是情感上的依赖。当你习惯依赖一个人后，你就会停止成长，你经济是独立了，可人格不独立啊。如若失去了爱情，是很可能整个人都崩溃的。

常常听见有些姑娘很自豪地说：跟他在一起，我渐渐变成了一个废物，车也不用开了，饭也不用做了。

我听了一身冷汗，这样看起来你暂时是受益了，长期以来却失去了长进。你有没有想过，如果一段情感让你变成了废物，那它还是正常的吗？

如果你的男人是出于真心爱你才无条件地宠你，那你更应该幡然醒悟了。一开始他的确是想把你捧在手心的，他替你承担了本应承担的那一部分生活责任。可男人也是血肉之躯，长此以往，你说他累不累，一味地索取只会让他恨不得想逃。这才是宠爱难长久的真实原因。

尤其是生活遇到疾涛骇浪的时候，男人扛不住了，想要女人来帮忙分担，却忘了她早已被他宠坏，哪有勇气分担？君不见，古时老爷们家中如发生了变故，携款卷逃的通常都是最得宠的那个姨太太，她享福享惯了，没办法再跟你共患难。

任何一段建立在依附上的关系，对当事人双方都是一场灾难。

我就是认识到上面这些，才毅然去修正我和爱人之间的关系，不再一味地要求被宠爱，而是学着去分担和承受。这样收获的，不仅仅是一段更正常的婚姻，还有个人的成长与蜕变。

姑娘们通常都把宠误解为爱，所谓你有多宠我，就有多爱我。

"宠"和"爱"看起来很相似，其实还是有些微妙的区别。

按照现代心理学的定义，爱的前提，首先就是平等。在一段健康的情感关系中，双方是平等的，父母对子女、丈夫对妻子，都不能把对方看到自己的依属，而是要将对方当成一个具有独立人格、和自己平等的人。

爱还意味着滋养，如果一段关系不能让你成长，而是让你停滞不前，这就并不是真正的爱。宠，显然和这两点无关。你何曾见过宠物和主人平等过？

爱的内涵比宠要丰富得多，它还包括了尊敬、欣赏和理解等等。所以判断一个男人是否真正爱你，与其看他有多宠你，倒不如看他是否真正地理解你、尊敬你。

时代在进步，婚姻早已不是一种依附关系，而是一种合作关系。在我看来，真正理想的婚姻关系，是两个具有独立人格的人因为爱走在了一起，他们彼此独立，也互相支持。他们就像舒婷诗中的橡树和木棉一样，共享流岚虹霓，分担寒潮风雷，仿佛永远分离，却又终身相依。

宠这种东西，就当成调味剂好了，可以适当地增加情趣。至于能够宠你一辈子的霸道总裁，电视上看看就行了，生活中存在的可能性基本为零。

姑娘们总是在渴望着有一个人能够"免我惊，免我苦，免我四下流离，免我无枝可依"，却忘了后面的话是"但那人，我知，我一直知，他永不会来"。

愿你最后嫁的是爱情

三十岁以后，蓦然发现身边掀起了一股离婚潮。每过一阵，总有某个熟人或朋友离婚的消息传来。离婚的理由千奇百怪，有因为一方出轨的，有因为婆媳不和的，有因为两地分居的。我听过最离奇的理由是，男方口味清淡，女方却喜欢吃辣，彼此不肯迁就，最终闹得一拍两散。

聚会时，有朋友笑称，要组织一个离婚人士俱乐部。他掰着手指数了数，发现真要举行个俱乐部的话，坐下来足足有整整一桌人，打麻将都能凑两桌。尽管如此，当听到琳姐也离婚了时，老朋友们还是吓了一跳。

琳姐是我学姐，她的婚姻曾一度被奉为朋友圈中的典范。她和先生是相亲认识的，琳姐美丽温柔，男方大方稳重，双方都很满意。当时琳姐还在读研究生，她先生已经在家族企业里担任要职，经常开着奔驰车来学校接她。婚礼是在男方家的城郊别墅里举行的，穿着定制婚纱的琳姐美若天仙，惹得一众师姐妹们艳羡不已。

婚后，男方负责挣钱养家，琳姐负责貌美如花。为了更好地照顾家庭，她在夫家的安排下，进了一个很清闲的单位。结婚一年后就诞下麟儿，之后更是全副身心都放在了家里。在外人看来，她先生待她也是不薄的，至少琳姐穿的戴的，都是价值不菲的名牌货。世人眼中的幸福婚姻就是如此吧：男主外，女主内，有车有房，稳定幸福。

只是每次朋友相聚，琳姐常常是一个人带着孩子前来，问起她先生来，总是说忙。朋友们也能理解，毕竟人家钱挣得多，忙一点也是应当的嘛。孩子小的时候，琳姐甚至很少应约，要留在家里照顾小孩。偶尔出现在大家面前，打扮得越来越光鲜，人却有越来越瘦的趋势。

这样的婚姻，在大家看来尽管不是十全十美，但也称得上美满了。没想到在孩子五岁时，他们却选择了分开，听说男方极力挽留，琳姐却执意要离。

这到底是为什么呢？有好事的朋友纷纷猜测原因：是他在外面有人了吗？还是他整日吃喝嫖赌，从来不往家里拿家用？抑或是他有家暴的行为，导致琳姐忍无可忍？

对于这些猜测，琳姐温柔地摇头否认，不是出轨，不是家暴，更不是滥赌。朋友们再三追问，她终于开口说："你们觉得我很幸福，其实这么多年来，我拥有的只是一个空壳的婚姻。"

听了她的讲述，我们才知道她表面的美满下，埋藏着多少落寞和无奈。琳姐的婚姻维持了六年。六年中，她先生基本天天在外忙活，不是忙着工作，就是忙着应酬，一个月难得有几个晚上在家吃饭。偶尔回家早，就是躺在床上睡大觉，连陪她出去散步的心情都没有。

"也怪我，谈恋爱那时就觉得他没什么激情，但觉得条件挺好，挑不出毛病，想着以后结婚了会培养出感情的。没孩子时还不觉得，有孩子之后我真是觉得孤掌难鸣。孩子长到五岁了，他爸爸还从来没有带他去过一次公园，为他讲过一次故事，有时我觉得孩子就和生活在单亲家庭没什么区别。"用琳姐的话来说，对于小孩的养育，她先生除了贡献精子，就没有别的贡献了。

要说琳姐的老公不顾家吧，他并没有有钱人常见的"包二奶"之类的恶习，挣了钱就往家里拿，让老婆孩子吃好的，穿好的，住好的。他觉得这样已经尽到了一个男人在婚姻中该尽的义务，所以当琳姐提出离婚时，他错愕无比，搞不清自己错在哪里。

两人还在协商离婚时，琳姐就迫不及待地带着孩子搬离了那座城郊别墅。在她眼里，那只是一所空荡荡、冷冰冰的大房子，没有一丝一毫家的温暖，所以毫不留恋。除了要孩子，她对家产并没有过多的要求。

就这么离了，有没有考虑过回头？

有离过婚的过来人提醒琳姐说，你一个女人，独自带着个孩子，未来的生活也许会遭遇到很多风险。况且你先生只是不太体贴，并没有犯什么原则性的错误，远远算不上是人品有问题啊。

"他不是人品有问题，他只是爱无能。"经历了那些内心的波涛起伏后，琳姐的语气变得很平静。她说，也许在很多人眼里，他并没有犯什么原则性的错误，可对于她来说，最不能忍受的就是生活在无爱的婚姻里，这样的婚姻让她窒息。

和很多女人介意的出轨、不顾家之类相比，她觉得长期零交流的冷漠与情感缺席才是婚姻中最致命的。

"我给过他很多次机会，可是他永远不知道问题出在哪里，所以我选择了离开。"琳姐说，她嫁给一个男人是希望收获温暖和爱，那是多少金钱也无法取代的。

很多朋友都为琳姐的离婚感到可惜，并感叹说以后再也不相信爱情了。但我却恰恰相反，正是她勇于摆脱无爱婚姻的决绝，才让我更加相信爱情。与老一辈相比，"80后"、"90后"离婚的概率往往更高，理由也更多样化。在爸爸妈妈那一代，如果不是婚姻中有一方犯了所谓原则性的错误，比如说找小三、频繁家暴之类，他们是不会选择离婚的。特别是对于更长一辈的女性来说，很多人嫁人并不是冲着爱而去，而是冲着稳定而去。嫁汉嫁汉，穿衣吃饭。

以前有个相声里面就说，女人找男人，就等于找了一张长期饭票。有些女人可能经济上完全可以自立，情感上却仍然需要婚姻的庇护。有多少人和琳姐一样，生活在一个隐性的单亲家庭里，独自承担着照顾孩子和家庭的重任，长此以往，只有慢慢萎谢了。

相对而言，新生代的女人们普遍更独立，不管是在经济上，还是情感上，婚姻对于她们的意义，不再是雪中送炭，而是锦上添花。也许在妈妈那辈的人来看，爱情在婚姻里只不过是奢侈品，有更好，没有也可以。可在琳姐这样的新生代女人们眼中，爱情在婚姻里已经是必需品。她们绝对无法容忍无爱的婚姻，哪怕表面上看起来再光鲜稳定。

年轻一辈日渐高涨的离婚率总让老一辈们感叹说人心不古，年轻人的婚姻怎么变得如此脆弱了？其实反过来想想，这何尝不是一种进步。年轻人的婚姻是变得更脆弱，但是他们对婚姻的期待更高了，千千万万的琳姐们已经不愿意再像妈妈辈那样将就。

曾任洛杉矶副市长的美籍华人陈愉说："对我们的母亲，还有母亲的母亲来说，一个有工作、不酗酒、不打老婆的男人，就可以做丈夫了。但对我们来说这可远远不够。我们可不是随便找个男人就行，我们要他是个好男人。我们要的不是一个出于责任的婚姻，我们要的是爱情。"

令我诧异的是，有些年轻女孩仍然恪守着老一辈的传统婚恋观念，认为只要对方不犯原则性的错误，即使没有爱也可以凑合着过下去。对于这类人，我只想问一句：如果爱的缺席都不算原则性错误的话，还有什么能够算原则性错误呢？

我始终相信，婚姻是两个相爱的人一起过日子，穷点可以凑合，苦点可以凑合，唯有感情不可以凑合。也许随着时光飞逝，曾经的激情褪去后会有一些厌倦，两个人之间的亲情多过了爱情，可那也是爱的一种方式。需要甄别的是，平淡不等于冷淡，当枕边人让你感觉到冷的时候，就要思考下你们的爱还在不在了。

正因如此，那些冲着爱去结婚的人，往往比那些冲着条件去结婚的人拥有更高质量、更稳定的婚姻。环顾四周，最后闹离婚闹得鸡飞狗跳的大多还是后者。在我看来，维系婚姻的不是孩子，不是金钱，而是彼此的爱。正如冯唐所说："如果你和那个女人（男人）最初有爱情，哪怕之后，爱情消失得一干二净，留下的遗迹也是婚姻稳固的最好基石。"

你别老拿自己当公主

什么是考验婚姻关系的试金石？有人说是旅行，有人说是装修，也有人说是升官发财，不不不，作为过来人，我十分严肃地告诉你，这些所谓的考验和养一个孩子比起来都弱爆了。

一对夫妻可能会为去云南还是三亚旅游吵翻天，也可能会为房子要装成欧洲田园风还是中式怀旧风闹一场，但是吵过闹过之后，照样如胶似漆。毕竟嘛，这些都是生活中偶尔的插曲，谁家都不可能整天出去旅游或者年年月月装修。可养个孩子就不同了，这项工作全年无休，一持续就是好多年，对夫妻之间的合作精神和亲密关系带来了前所未有的挑战。

我一直以为，我和老公的感情算是久经考验了，连两地分居之类的波折都挺过来了。可是我错了，真正的考验直到生了孩子之后才扑面而来。

生孩子之前，我是这个小家庭的中心，老公就像地球围着太阳转一样整天围着我转。我虽然是穷人家长大的孩子，可是性格像晴雯一样心高气傲，哪怕是生活在泥泞里，也拿自己当落难公主。幸运的是，我的确遇到了一个对我千依百顺的男人，以至于在很长一段时间里我都误以为自己真是公主了。

记得看艾米的《十年忽悠》时，男主角对喜欢的女主角说："等你生了孩子，你和宝宝两个Baby都哭了，我该去哄谁呢？"当时看到这里真是深深共鸣，认为老公以后也会为不知道哄我还是宝宝犯难，现在想来，真是很傻很天真。残酷的现实就是，生了孩子之后，当你哭的时候，老公通常在甜然大睡，而当宝宝一哼唧，睡得再熟的年轻爸爸也会在梦中给你一脚，提醒你该喂奶了。

自从有了个娃啊，爹妈床上的格局就大变样了，以前是两个人睡一米的床还嫌宽，现在是一米八的床觉得忒窄了，娃在中间横睡成岭侧成峰，活活把爹妈隔绝得不相往来。

自从有了个娃啊，"宝贝"就成了他的专有名词，神圣不可侵犯，以前那个被当成宝贝的人迅速蜕变成娃他妈，连名字都省了。

自从有了个娃啊，两个人的婚姻中就多了一群人，打着爱的旗号对你们行使各种干涉，婚姻中各种琐琐碎碎的问题全都浮出水面了，到最后生活乱成了一团粥。

自从有了个娃啊，才发现一个家庭只能有一个中心，如同太阳系只能有一个太阳。以前是老公整天围着你转，现在变成了你和老公整天围着小娃娃转。

瞧瞧吧，生娃前后的生活落差如此之大，怎能不让我倍感失落？我怎么也想象不到，曾经是被老公捧在手心的公主，有朝一日会沦落成娃的小保姆，而且还因为不称职被老公百般嫌弃。一开始的时候，当我看到老公将往日对我的柔情全部倾注到瓜瓜身上时，真的有点妒忌。我竟然会吃儿子的醋，像我这样的妈妈，是不是应该被开除出母亲的行列？

我还没有来得及成熟，突然间就做了母亲，心理上完全进入不了母亲这个角色。正是因为接受不了突如其来的角色转换，我们的关系变得前所未有的脆弱。一点点小事就能引发我们的争吵，严重的时候甚至讨论过离婚。

尽管做了母亲，我和以前一样任性，总是在逃避做母亲应尽的责任。老公比我更有爱心，承担了大部分照顾小孩的重担。可是我呢，却感觉自己被忽视了，抱怨他没那么体贴我了，我固执地认为，即使有了小孩，他也应该像以往一样无微不至地疼爱我。我忘记了，他也会感到累，他也会力不从心。

于是，我们常常互相抱怨对方带孩子带得太少，指责对方付出的精力不够多，甚至埋怨生个孩子毁掉了自己的人生。

在一次次的争吵后，我曾经以为坚如磐石的婚姻变得像风中的芦苇，随时都可能折断。直到有一次，我们之间爆发了惊天动地的战争，战争中，我在卧室换衣服准备离家出走，关门的时候用力过猛把自己反锁在里面了。

我拼命拍门，可是得不到回应。那个时候我真的恐慌极了，就像小时候家里人都出去看电影了，我一个人被锁在了家里。那种被全世界抛弃的感觉真是难受极了，我奋不顾身地踢着门，门始终不动，眼泪不知什么时候掉了下来，我一边号啕大哭一边继续拍着门，心里有个声音在喊："他不会不管我的，他不会不管我的！"

不知过了多久，老公终于来了，抱着瓜瓜，我在门内哭，瓜瓜在门外哭，哭得肝肠寸断。老公一脚踢开了门，我们一家三口相拥痛哭，他一手搂着瓜瓜，一手搂着我的肩膀，安慰我们说："别怕，我在这里，别哭了，不用怕。"

尽管之前发生过很多不愉快的事，尽管我们很认真地谈过离婚，可自从那一刻开始，我和老公都清楚地知道，我们是一家人，没有什么可以把我们分开。

那天晚上，我开始反省瓜瓜出生一年多我犯过的种种错误，说到底，这一切源于我对婚姻不现实的期待。我小的时候，正是琼瑶小说流行的年代，我对这位大妈并无好感，但耳濡目染之下，逐渐形成了这样一种价值观，认为女人生来就应该被男人疼爱，而且是无条件、全方位地疼爱，哪怕这个女人再任性再刁蛮再一无是处。如果这个男人胆敢有一丝一毫的不耐烦，女人就会哭天抹泪地吼："难道你不爱我了吗？"

天啦，原来琼瑶奶奶影响了我这么多年，不反省不要紧，一反省才发现，这是什么狗屁逻辑啊。真要摊上了这样的女人，男人还不如去搞基得了。想想我自己也曾犯过这样的混，冷汗都不禁掉了下来。为什么这么些年，我享受着老公无微不至的付出，却从来没有想过付出对等的温柔呢？

婚姻也好，爱情也好，如果只依靠单方面的付出，归根到底只能换来一拍两散的结局。特别是在生了孩子之后，养儿育女的过程极其琐碎艰难，需要两个人共同的付出和努力。这世界上，只有一个男人会无条件永远地把你捧在手心当公主，那个人是你爸。事到如今，我们都已为人父母，有了属于自己的小王子小公主，这个时候还高唱着"我不想不想长大"的话，就得送到精神病院去检查下了。

有个著名的卫生巾广告，广告词写得特别欠揍："衣服就要随便买，脾气就要任我发，男生就要听使唤！"每次看到这个广告我都特别恼火，忍不住站在男人的立场问一句："凭什么啊？难道就因为你是个女生吗？你这是找奴隶还是找男友啊？不是赫本还拿自己当公主，这是病，得治。"

爱情需要你主动去找

2016年的最后一天，一个恢复单身的朋友问我：我还有可能找到一个喜欢且靠谱的人吗？

我回答说：首先你得去找，光等是不大可能的。

她立马表示：如果主动去找的话，那样的人肯定不靠谱。

我：……

这类讨论在我和朋友之间开展过不止一次，结果都没讨论出个所以然来，因为我素来主张姑娘们要大胆地走出家门，去聚会、去happy、去多认识些男人，而我这位朋友，信奉的则是"我若盛开，清风徐来"的理念，认为只要自己足够好，总有一天会等到那个真心人。

就我有限的阅历来看，身边还真没有一个矢志要抱独身主义的女人，可那么多想嫁恨嫁的姑娘们，却因为种种原因长期保持着单身的状态，活生生让红颜守了空枕。

是什么让姑娘们与爱情一次次擦肩而过呢？

起初我以为是社会对大龄单身女人的偏见，后来发现不是的，与其说社会给她们设限，不如说她们自己在给自己设限。"你不要找，你要等"，就是她们给自己设定的限制之一。这句话是冰心对铁凝说的，当时铁凝大龄未婚，冰心于是对她说了这句话。这本来是长辈出于怜惜，对晚辈说的安慰之词，结果却被很多单身女人奉为了情感上的金科玉律。

于是，很多姑娘就傻傻地在家等啊等，等着白马王子从天而降，等着有人来发现她独一无二的美，等着清风徐来，情花绽放。

在等待的过程中，她们也会想尽千方百计地让自己变得更好，像我那个朋友就是，她在三十岁之后，把自己活成了一个越来越美的励志范本。她少女时代有些婴儿肥，经常穿着肥大的运动服，看上去一点都不出挑。到了三十岁后，忽然有一天觉醒了，拼命节食，疯狂健身，很快就瘦到了理想体重，配上得体的衣饰和精致的妆容，认识她的人一个个都大呼脱胎换骨。

工作上，她同样积极上进，在当地一所最好的小学中是最优秀的那类老师，孩子们一个个对她无比贴心，家长尊敬她，同行也欣赏她。

这样一个出色的好姑娘，怎么就一直单着呢？莫非男人们都瞎了眼吗？

其实男人们一点都不瞎。可再优秀的姑娘，你整天待在自己的壳里，全身都散发着一种拒人于千里之外的气质，难免会让男人望而生畏。

多少姑娘和我这个朋友一样，有一颗向上的心，想要的东西都会拼命去争取，可唯独从来不去争取爱情，她们只盼望着爱情从天而降，试问哪有这样的好事！

作家六神磊磊曾经分析过程灵素的性格，说她唯独在爱情上放弃了进攻。其实不单程灵素如此，千千万万兰心蕙质却相貌平平的姑娘都容易犯这个错误，她们把自己修炼得七窍玲珑、百毒不侵，却不敢去追求自己看上的男人，因为她们本质上都太过自卑，害怕付出真心得不到回报，害怕一旦主动示好就会被人无情地拒绝。

她们从心底里就不大相信自己是值得被爱的。

所以她们才会奉行"你不要找，你要等"的理念，一是出于懒惰，等着天上掉馅饼，二是出于恐惧，害怕承担风险。

可越是相貌平平的姑娘，越要学会去争取自己的爱情啊。即使天上掉馅饼，砸中的也该是最漂亮的姑娘，她们可以懒一点，这点羡慕不来。

这个争取，并不一定是要你去倒追。倒追是门技术活，不是每个姑娘都能掌握。但你至少可以给自己多创造些结识男人的机会，这样才有可能遇到爱情。

有人会问，生活圈子这么窄，到哪儿去认识男人啊？其实只要你想，方法多的是，你喜欢健身，就去参加些俱乐部；你喜欢爬山，就去入个登山协会；你爱好文艺，就多去参加豆瓣同城活动；哪怕你喜欢打麻将，也能借打牌的机会认识些牌友吧。再不济，还有各种相亲网站。

写到这里，估计有人会反驳说，你这说的都是些什么方法啊，这样能认识到靠谱的好男人吗？

不瞒你说，我有几个朋友都是通过某网站认识了另一半，人家现在好着呢。所以真的不用给自己设限，防备心要有，但别太重，大不了受点伤又如何。到了我们这个年纪，受点伤没什么，别太伤钱财就行。

认识只是第一步，第二步可以筛选对得上眼的人进入约会阶段。中国是没有约会文化的，搞得不少姑娘对和男人约会特别慎重，其实大可不必，约个会而已，又不是订终身。不多和几个男人约会，你怎么知道自己适合哪个？要有心理负担的话，一开始就AA吧，谈不成恋爱，做个饭友也挺好。

如果有幸遇到喜欢的男人，千万不要往后退，你要相信，你配得上他的好。阻挡你们在一起的最大障碍，不是他的优秀，而是你的自卑。

约会也好，谈恋爱也好，都是一个享受的过程，别太指望一次约会就能牵手成功，也别奢望一次恋爱就能白头到老。

太看重结果的人，往往连开始都害怕，这样下去只有错过。情场如职场，你要输得起，才会赢得到。

别再神叨叨地念着什么"你若盛开，清风徐来"了，你要盛开的话，也得开在个迎风向阳的地方，若开的地方是个幽闭的密室，开得再美也迎不来清风。

既然骨子里想嫁人，那就拿出想嫁的勇气和决心来。与其在家里幽怨地唱着"我想我会一直孤单"，不如豁出去高歌一曲"我要找到你，不管南北东西"。

话说回来，我并不一味反对"等"，但我反对消极的约会阶段。积极的等待是苦心经营后的顺其自然，消极的等待则是两手一摊的不作为。消极的等待者永远都在等风来，而勇敢的人会不停攀登，主动去捕捉山顶的风。

多一点掌控，就多一点自由，从这个角度来说，主动寻找永远比被动等待更自由，爱情如此，人生也是如此。

六神磊磊那篇文章最后说，如果程灵素能勇敢地说："胡斐，我就是世界上最好的女人，我们在一起，好不好？"那该有多好，至少，已无憾。那些从不敢主动寻求爱情的姑娘们，当以此为鉴。

你们只要拿出一半在职场上拼杀的进取心放在爱情上，必将在情场上所向披靡。

不要轻易给前任扣帽子

这是一个"渣男"满天飞的年代。

问问身边姑娘们的分手理由，大多数人都会告诉你：我遇到了一个"渣男"。

认识一个姑娘，姑且叫她小A吧。和男友从学生时代就开始恋爱，两人先是异地，再是异国，万水千山也没有阻挡他们相恋。

热恋的时候，他们每天都要煲电话粥，在没有微信的时代，越洋电话费还是一笔非常昂贵的开销。男生很体贴她，总是在接到她的电话时按断，然后再自己打过来。每次电话过来，都会细心地提醒她添减衣物。后来她才知道，原来他在手机上设置了她所在城市的天气，这样就能及时送上自己的关怀。

他做过最浪漫的事，是花了大半年兼职的积蓄，在她生日时跑到国内来看她。她接到他的电话匆匆下楼时，见到他抱着一束花站在楼下，鼻子冻得通红，顿时感动得眼泪哗啦啦的。

那样相爱的两个人，最终还是抵不过距离与空间。七年爱情长跑后，男生告诉她，他爱上了别人。她撕了刚刚批下来的签证，痛痛快快地哭了一场。

从那以后，谁要在小A面前提起她的前男友，她就会冷笑一声，回以四个字：那个渣男！

曾经的绝种好男人，只因为后来变了心，就成了一代渣男。

真让人唏嘘啊。

有多少姑娘和小A一样，在恋爱时也是你侬我侬，一等到分手，就迫不及待地给前任扣上了"渣男"的帽子。

他大男人主义，是个渣男；

他不够关心自己，是个渣男；

他给的爱比自己少得多，是个渣男；

他懒惰成性不思上进，是个渣男；

他帮他妈不帮自己，是个渣男；

他居然出轨了，确凿无疑是个渣男了！

那种深恶痛绝的态度，很难让人相信，现在被称为渣男的这个人，和之前她爱得死去活来的那个人，原本是同一个人。

更有甚者，谈过无数次恋爱，每次都觉得自己遇人不淑，每次都宣称遇到的是渣男。着实让人感叹，不知道是我们这个时代的渣男太多了，还是确实存在着一种体质，叫作人渣吸附器？

要说渣男，其实每个年代都有，闫红老师就写过一篇雄文叫"谁不曾爱过个把人渣"。令人疑惑的是，随着整体素质的提升，按说渣男应该越来越少才是，怎么现在感觉周围都是渣男呢？连流行歌曲都在宣扬"十个男人七个傻八个呆九个坏"。

对渣男的批评，原本是时代的一大进步。说明姑娘们不再一味温柔和顺，而是敢于谴责男人了。

但这种谴责很快滑向了另一个极端，以至于男人只要稍微犯一点错，就会被打入渣男的阵营，永不翻身。

骂前男友是渣男，当然是很爽的。骂其他男人的话，爽还是爽，但未免隔了一层。

"那个渣男"！光是吐出这四个字，都有一种咬牙切齿的快感了。

可这种爽快只能维持一时，很少有人意识到，当我们轻易将越来越多的男人贬斥为渣男时，最终到底，伤害的并不仅仅是男人。

首先，这会减少姑娘们觅得如意郎君的概率。想想看，当你感觉环绕你周围的都是渣男，身为一个品质优秀的姑娘，难免会觉得举目四顾，知己难觅，根本找不到一个配得上自己的男人。

其次，这会让姑娘们在感情中失去自省能力。当你谴责前男友是渣男时，就意味着你已经将所有感情失败的责任都推到了他身上，至少你觉得基本错都在对方，自己唯一做错的就是爱错了人。

扪心自问，事实果真如此吗？一段感情最后破裂，只怕双方或多或少都有责任，一味地指责对方除了爽之外真的没太大意义。

最重要的是，当你骂对方是"渣男"时，等于用这个词为你们曾经的感情定了性，将你们过去的美好一笔勾销了。

这才是真正让人扼腕叹息的。

为什么有这么多男人被斥为渣男，却很少有男人反过来这么骂女人？可能一是因为爱之深则责之切，二是因为近年来女人不知道哪来的自信，总觉得自己是比男人更高等的生物。

其实吧，男人和女人在本质上就是差不多的，要说人渣的比例，照我看在两者中的比例也相当。不要把男人都想象得一个个骄奢淫逸，也不要把女人都想象得一个个温良恭俭。男人会犯的错，女人何尝不会犯？

当女人骂男人是渣男时，实际上很多时候是在追求一种性别和道德上的优越感。这种优越感除了自嗨之外，我看不出对男女相处有任何益处。

人啊，总是这样，在爱的时候习惯去美化对方，不爱的时候则习惯去丑化对方。

我们必须要明白，男人并不像我们期待的那样完美，也不像我们想象中的那么渣，渣男的确有，但不会那么多。观察我身边的朋友，只有一个女孩子遇到的男人是个货真价实的渣男。

大多数情况下，我们喜欢的就是一个普普通通的男人，有他的优点和缺点，他好的时候会非常好，不好的时候也非常不好。他也会犯错，有些错误可以原谅，有些错误却不可饶恕。

很多时候，你指责前任太渣，实际上他不是渣，他只是不再爱你了，或者是，从一开始就没那么爱你。

徐志摩在张幼仪怀孕时闹着要离婚，却对不能生育的陆小曼爱若珍宝，人性如此复杂，很难用渣不渣去简单判断一个人。

很多姑娘都接受不了这点，她们宁肯相信她们爱上的就是个人渣，也不愿相信他不爱自己（或者不再爱自己了）。可是姑娘，这就是事实，我们总得接受事实对不对？

大多数姑娘比张幼仪还是要幸运，因为她们遇到的男人至少还是曾经爱过自己的。

可人是会变的，他过去爱你可能是真的，他现在不爱你了也是真的。不要因为你们后来分开了，就否定了他整个人，进而否定了你们曾有的感情。动不动骂对方是渣男，等于承认自己青春都喂了狗，既侮辱了对方的人格，又侮辱了自己的智商。

记住那些美好吧，连同那些痛苦。记住他的好吧，连同他的坏。这样在分开时，我们至少还有回忆。

我很喜欢一个叫nana的姑娘，她在一段十年的感情结束后，给我发豆邮倾诉。在信的结尾，她淡淡地说：生活很神奇，我觉得自己已经很努力很努力了，可是最后还是没能跟他走在一起，有人问我会不会恨他，恨，怎么不恨，不过想想，要不是因为他，我可能还是一个小城市的女孩，永远无法到大城市，进入一个顶尖的行业。他曾经让我欢喜让我忧，在我的人生留下了抹不去的印记。

如果一段感情最后难免要走向分别，但愿你也能像nana这样，诚实地面对自己的内心，诚恳地承认：他在你的人生中留下了抹不去的印记。

如果一个男人曾经让你真真切切地爱过，又让你痛彻心扉地哭过，请不要简单粗暴地将他归结为渣男，好吗？

女人不会因为才华被爱上

写下这个题目，可能会被很多男人喷：作者你在说什么？！我们男人没有那么肤浅好不好？我们早就脱离了低级趣味好不好？女人们估计也有不服气的，肯定有人能跳出来现身说法：我之所以被爱，就是因为灵魂的美丽！

冒着挨板砖的可能，我还是想说说对这个话题的看法。

是的，你可以举出很多例子，比如据说安妮宝贝也嫁得不赖，比如说爱丽丝·门罗的第二任丈夫就是她的粉丝。

但是，你确定这些人看上的就是她们的才华？还是因为才华带来的某些东西，比如说显赫的名声、不菲的收入以及其他光环？

才华这东西，在没有显山露水之前，通常是得不到重视的，而在显山露水之后，往往又和其他附属品绑在一起，很难独立区分开来。

好吧，我承认我是偏激了，可是有限的阅读经验大多在印证着我的偏激。

比如说张爱玲，称得上才华盖世了吧，可是这份才华似乎并未为她赢得生命中男人们更多的青睐。

胡兰成算是识货的了，一开始对她留意，是因为在杂志上读到了她的《封锁》。一读倾心，暗暗赌咒说，不管写这小说的是男是女，总之上天入地一定要揪出来，该发生的关系一定要发生。

后来的事情大家都知道了，虽然一见之下，胡兰成发现张爱玲并不如想象中那么美貌，但闲着也是闲着，于是该发生的关系果然都发生了。

胡兰成描述初见张爱玲时最知名的话是"惊亦不是那个惊法，艳亦不是那个艳法"，这个惊艳，指的是文字，并非相貌。

写到这里，我似乎是自己在打自己脸，这不完全是在找反证吗？其实不然，胡兰成爱慕张爱玲，始自她的才华，后来掺杂的东西多了去了，要知道张爱玲的祖父是李鸿章的女婿张佩纶，到了她这一辈，虽说是没落了，贵族的底子还是在的。

而胡兰成呢，出身只不过是浙江乡下的一个普通家庭，可以猜想，他初见张爱玲这样的名门闺秀，被震住的可能性有多大。

胡兰成对张爱玲的出身是津津乐道的，有兴趣的读者去翻翻《今生今世》就知道。举个例子，后来胡兰成逃亡到温州，改了个名字叫张嘉仪，称是张爱玲祖父张佩纶的后人，我总觉得有点想忝列名门的感觉。

即使是胡兰成这样识货的人，女人的才华对于他来说也并不是最关键的。在他心目中，发妻唐玉凤情深义重，那才是他念念不忘的"真正妻子"，护士小周貌美伶俐，更是他心尖尖上第一等人。

不错，张爱玲的才华曾经使他惊艳过，可是那又如何，得到了之后，倒不如年轻小姑娘来得好调教。

胡兰成之后，张爱玲曾经和导演桑弧有过一段情，就是《小团圆》中写到的燕山。自始至终，书中没见燕山称赞过半句九莉的文学才华，倒是几次隐隐写到了他对九莉色衰的嫌弃，比如两人看电影回来，九莉脸上的粉遮不住油光，燕山脸色马上变了。

现实生活中，桑弧曾经撰文评论过张爱玲的《十八春》，说她后期风格越来越淡，可见对张爱玲的文字还算是知音。据说两人之所以不能结合，很大部分原因来自于桑弧大哥的阻拦，该大哥的理由是："作家不是个正经职业，不稳定！"

这简直是醒世恒言，足以让千千万万抱着文学梦的姑娘幡然醒悟——女作家原来是个这么让人嫌弃的职业啊。想想也是，那时候又没作协，作家是没有固定收入的，又容易情感泛滥，出于家庭长治久安的目的，还是远离女作家的好。

老是念叨张爱玲，估计大家都烦了，其实我真正想说的是萧红。民国女作家中唯一可以和张爱玲抗衡的，我认为只有萧红。说什么南张北梅，实际上不如说南张北萧。

萧红的不足之处在于产量太少，但是并不能因此降低她在文学史上的地位，初唐时的张若虚仅凭一首《春江花月夜》就能做到"孤篇横绝全唐"，萧红也做到了这一点，一部《呼兰河传》足以让她不朽。

关于萧红，要说的太多太多，一直不敢碰不敢说，这里单单围绕着上述主题来进行讨论。

萧红的婚恋史，简直就是"一个女人不可能因为有才华被爱上"的血证啊。写到这里，我斟酌了一下，如果把"爱上"两个字替换成"珍视"或者"善待"似乎更恰当。

萧红先后嫁过两个男人。第一个是众所皆知的萧军，说起来，萧军还算是她文学上的引路人了。两人刚开始同居时，萧军见萧红爱好文学，于是就鼓励她参加报纸的征文活动。

在他的鼓励下，萧红以悄吟的笔名在《东三省商报》"原野"副刊上发表了她试写的新体诗——《春曲》：

那边清溪唱着，

这边树叶绿了，

姑娘啊！

春天到了。

事情的开端是多么美好啊，我猜想，萧军的初衷，有点类似于旧时书生那种鼓励姨太太读书的心态。从古至今，中国文人都有调教枕边人的爱好，美其名曰红袖添香夜读书。

可是一旦红袖们展露出技高一筹的才华时，对于书生来说就不是添香而是添堵了。

果然，后来萧红在鲁迅的引荐下崭露头角，在文坛上风头一时盖过了萧军。两人之间的平衡一被打破，就再难复原。

对于萧红的成就，萧军是很不服气的，这个不服气除了失衡的落差外，还在于他没有认识到萧红文学上真正的价值。

"二萧"在文艺观点上存在着严重分歧。萧军主张斗争的文学，力的文学，他看重的是萧红的《生死场》，对《呼兰河传》压根不屑提。

到了晚年，萧军仍把萧红的作品比作"月亮"，说她"只能给人一种光亮，清澈的感觉，但是缺乏一种热力"，并说"萧红的作品最终的结果是给人一种消极的阴暗的感觉，对人生是失败主义，她是消极的浪漫主义，唯美主义，个人主义结合的混合体"。

退一万步说，即使他充分认识到了萧红的才华，也不代表他会珍视。萧军后来又娶了个妻子，后妻曾经出书说，萧军喜欢她的三个理由之一就是她嫁他时是个处女。

我看到这个时，心里一下子就惊了，萧红当时是大着肚子嫁给萧军的，可想而知，她在重视处女的萧军心目中是个什么地位。

萧军是个有英雄情结的男人，他对萧红的感情很大程度上建立在拯救者的身份优越感上，那时他去小旅馆搭救贫病交加的萧红时，万万没有想到，这个弱小的女子日后会成为冉冉升起的一颗文学明星，她的光辉甚至盖过了他，这是他万万不能忍受的。

同样没有认识到萧红价值的还有她的第二任丈夫端木蕻良。和萧军的大男子主义相比，端木性格比较温和，他和萧红之间形成了男弱女强的相处模式，平时萧红在各方面对他诸多照顾。

一次，萧红与端木蕻良去看望曹靖华，曹靖华注意到端木蕻良的原稿上却是萧红的字迹，便问萧红："为什么像是你的字呢？"

萧红回答说："我抄的……"

曹靖华急了："你不能给他抄稿子!他怎么能让你给他抄稿子呢？不能再这样。"

看到这里，我也忍不住和曹靖华一样急了，萧红啊萧红，拥有可以写出《呼兰河传》的一支笔，却用这支笔在替远远不如她的丈夫抄稿子。

看起来，她的丈夫端木认为是理所当然的，他并不怎么看得起她的文字，鲁迅去世后，萧红写了篇怀念的文章，他当着朋友的面不屑地评价："这也值得写？写这些干什么！"

人生就是这样荒诞，端木万万想不到，他瞧不上眼的文章直到今天仍有人在读，至于这位端木大作家留下了什么大手笔，那就不是我等普通读者可以留意到的了。

真正认识到萧红价值的男人有两个，一个是鲁迅，一个是骆宾基。

骆宾基曾经陪伴她在病床上度过了最后的岁月，看电影《萧红》时，我总是忘不了那个镜头：骆宾基对着病床上的萧红说："我看几页《呼兰河传》，就想看一眼你，没想到写这书的人居然躺在我身边的床上。"

这样动人的情话，也只有萧红这样的天才女作家可以担当得起。可惜的是，她等待了一辈子，终于等到了真正懂得她珍贵之处的男人，却不得不含泪和碧海蓝天永诀了。

老实说，萧红一生的遭遇让我对"女人靠才华能被男人爱上"这一点很绝望。从古至今，有多少才华横溢的女子受尽了生活和男人给予的白眼，像宋时的朱淑真、清代的贺双卿，所嫁俱是庸人。

比较起来，李清照算是有福气的了吧，好歹和夫婿赵明诚称得上才子佳人。可是据沈祖棻考证，他们后期的婚姻生活并不幸福，李清照一直没生孩子，赵明诚便另筑金屋娶了小妾，这样说来，李清照词中的"武陵人远、烟锁秦楼"就大有深意了。

直到赵明诚死后，李清照还埋怨他死前遗言太过冷漠，"殊无分香卖履之意"。李清照这样一个争强好胜的人，如何咽得下这口气。我暗自怀疑，她后来的改嫁是不是和赵的另结新欢有关。

当然你也可以举出许多反证，都是民国女作家，冰心、林徽因不是就嫁得挺好吗？但是我个人认为，这和她们是不是有才华没有半毛钱关系，就凭她二人的门第出身，纵使不读书也能觅个门当户对的好郎君。

试想萧红要是有冰心那样的海军将领父亲，萧军敢拎起拳头把她揍得鼻青脸肿吗？

也有令女作家欢欣鼓舞的例子，最典型的要数法国的杜拉斯。在她66岁高龄的时候，27岁的青年男子扬带着对她的仰慕走近了她，成了她的情人。

二者的年龄足足相差39年，那时杜拉斯已不像年轻时那样俏丽，酒精和岁月早已摧毁了她的容颜。很多人读杜拉斯的《情人》，觉得她所描述的"和你年轻时的容颜相比，我更爱你现在备受摧残的面容"是个理想境界，扬的出现却让这个理想化成了现实。

比较起来，我只能说，国情不同。对于绝大多数中国男人来说（包括有才没才的），女人有点才华固然是锦上添花的事，一旦多得横溢起来了，反而成了障碍。

如何面对脱轨的爱

林丹出轨到底伤害了谁?

按理来说应该是他老婆谢杏芳。毕竟，谁被出轨了都会难过，更何况林丹正好是在她孕期出轨，伤心自然加倍。

林丹代言的那些广告商也挺受伤的，特别是那种找他们夫妻一起代言的广告商，估计肠子已悔青，恨不能马上撇清与他们的关系。这不，林丹一发微博道歉，就有广告商急着表示要解约了。

但令我纳闷的是，在整件事情中表现得最气愤的，不是谢杏芳，也不是广告商，而是广大的吃瓜群众。

林丹和出轨对象赵雅淇的微博迅速就被群众攻陷了，"渣男""婊子"的骂声响成一片。

谢杏芳坐不住了，发了份声明，说要和林丹风雨同舟，群众更加出离愤怒了：男人都孕期出轨了，你凭什么不离婚!

更有甚者，指责谢杏芳丢了全体女人的脸。如果有那个权限，我估计她们就要将谢杏芳开除出女人的行列了。

围观至此，有些话真是不吐不快了，不是对谢杏芳，而是对群众。

这件事给我的第一个观感是：群众还是和以前一样习惯将道德作为评判别人的最高标准。

林丹一出轨，马上有一群人愤怒地表示：你不再是我们心目中的英雄了。其中最愤怒的当属以前支持他的那些女粉丝。她们气愤的是：我们一直把你当成绝世好男人的标本，现在你居然打破了我们的幻想！

林丹之所以卖好男人的人设，也是为了迎合粉丝们的需要。所谓的绝世好男人林丹，是林丹和粉丝们一起塑造出来的。现在人设坍塌了，代价是商业上的惩罚，利息则是粉丝们的指责。

所以说粉丝其实是种很可怕的生物，她们的爱都是高利贷。把林丹捧上神坛的是她们，等到他从神坛上摔落下了，"渣男""婊子"的骂声响成一片。

粉丝们的心都是玻璃做的，所以感觉特别受伤，不过不要紧，玻璃心多碎几次就好了，这样以后也能学会不将道德理想寄托在偶像身上。

像我这种本来就没有把林丹奉为偶像的人，倒是淡定得很，我不觉得他出个轨，就影响了我对他的整体评价，毕竟他的羽毛球水平与他的私生活没有半毛钱关系。

网友习惯用道德来评判一个人，他们总是不明白，道德是用来约束自己的，不是用来指责他人的。站在道德制高点来骂别人，很爽、很嗨，也很不体面。

试想想，谁又是道德上的完人呢？谁能够保证自己一辈子永不犯错呢？你就算不出轨，也不代表你不会犯其他道德上的错误。

你今天骂别人骂得很爽，如果有天换成自己来挨骂，不知道心情还会不会这样爽。

这件事给我的第二个观感是：群众还是和以前一样热衷于捉奸。

捉奸在中国有着源远流长的历史，群众最痛恨的就是通奸。潘金莲勾搭上西门庆，武大郎也许本想着装聋作哑算了，奈何群众不答应啊，群众的代表非得撺掇武大郎去捉奸。

现在林丹出轨了，谢杏芳说要原谅，群众哪里肯听，一个个都炸毛了。本来大家就图看个热闹，要把事情搞大才好，现在当事人居然要息事宁人，大家怎肯善罢甘休？

某网红就写了篇文章，痛斥谢杏芳，说她给广大新女性丢脸了，说她拖了独立女性的后腿。就差没有喊出来：谢杏芳，你必须离婚，你不离婚还算是个人吗！

我不知道她所谓的独立女性是个什么定义，我只是直观地感受到，这样直接把手插进人家的家事中去，恨不得提把刀逼着原配离婚的人，不管表面上叫嚣的有多独立，骨子里仍然和以前那些爱捉奸的封建大妈没有区别。不不不，大妈们还只去捉奸，她们直接让人离婚。

时代到底进步了吗?

经过了多少代人的努力,我们好不容易迎来了一个相对自由的时代。为什么还是有人觉得干涉他人家事如此理直气壮呢?

所谓自由,就是尊重人的多样性,不把自己的价值观强行植入到其他人身上。也就是说,我即使不同意你的观点,但我也会誓死捍卫你表达观点的权利。

可现在就有这么一小撮人,硬要按着别人的头来接受自己的价值观。要这样下去,干脆就回到高呼千秋万代,一统天下的年代好了,还谈什么价值的多元思想的独立?

离不离,本来就是人家夫妻的事,这样明目张胆地实施道德绑架,连基本的界限感都没有,所作所为又哪里算得上什么独立女性。

谢杏芳独不独立我不知道,至少在这件事上,她坚持了自己的立场,她不想离就坚持不离,随便你们怎么嚷嚷。

林丹和谢杏芳的声明从措辞来说可能不甚恰当,可态度是强硬的,语气是鲜明的,言外之意就四个字:关你屁事!

至于那些推己及人,由林丹出轨联想到老公出轨的女粉丝们,我劝你们大可不必如此惶恐,毕竟,不是每个男人都像林丹一样送得起玛莎拉蒂。

接受上升到金钱的爱情

刚毕业那会儿，我和别人合租一套两居室，房子很小很破旧，厨房里到处都是蟑螂，厕所的地板老是往外渗水。室友是我的老乡，这里就叫她小安吧。小安在一所中学任教，外表和内心一样朴实，不化妆、不打扮，没事就在家拾掇，把陈旧的老房子收拾得干干净净，而且烧得一手好菜，周末的时候总有些朋友同事到她这来蹭饭。

我住进这套房子的时候，小安已经快二十八岁了。在我们这种三线城市，二十八岁还没有男朋友已经足够让人在背后指指点点。

小安二十八岁生日那天，朋友们提着蛋糕、礼物来给她庆祝，小安做了一桌子的菜，我也贡献出了珍藏的红酒。红酒是进口的，味道很醇，那是小安第一次喝红酒。一大桌子的人乱哄哄地吃菜说话，谁也没留意她一个人默默地喝掉了半瓶红酒。

吃蛋糕前，朋友们起哄让她先许个愿，小安脸泛红云，眼波欲流，对着插满蜡烛的心形蛋糕，清晰地说出了自己的愿望，她说："我希望今年能够找一个男朋友。"

大家愣了一下，然后纷纷起立，回应以热烈的掌声。

那天晚上，朋友们走了后，小安继续一个人自斟自酌。我走过去抢她的酒杯，她紧紧握住那个杯子，眼泪汪汪地盯着我说："亲爱的你知道吗，我二十八岁了，还从来没有谈过恋爱。从来都没有。"她哭着问我，"是不是特别丢脸？"

我什么都说不出来，只是拿过酒瓶，给她加满了杯中的酒。

生日过后，亲朋好友都踊跃地给小安介绍男朋友，在这些相亲对象中，她看中了一个姓陈的男人。这个男人的优点是在某家高福利的机关单位上班，是这个年代最受丈母娘青睐的公务员女婿人选，缺点是个子比较矮，肚腩比较大，头发还有点少。

老实说小安稍微打扮一下还是挺清秀的，我们都觉得她配老陈绰绰有余，可是小安明显等不及了，她觉得以她目前的年龄来说，已经没有太多挑选的余地。我记得她在第一次相亲后回来跟我说："他三十岁了，听说还没有恋爱过。"

我认真地问她："你觉得这样好吗？"

小安想了想，娇羞地说："我觉得挺好的。"

然后她就开始恋爱了。回想起来，那是我跟她住在一起，目睹过的她最快乐的时光。我始终记得，二十八岁的女孩子，守在厨房里，系着围裙，花两小时无比耐心地煲一锅汤，只为了让她的男友在下班时能够喝上一口暖暖的老火靓汤。

他们好像没有经过太多的轰轰烈烈，就直接进入了细水长流的阶段。每天傍晚，我下班回到家，都可以看到小安在厨房里忙碌，老陈呢，一开始还在厨房帮忙，但屡次都被小安从厨房推出门来，理由是"你上了一天班辛苦了"，好像她就在家闲了一天似的。后来他索性就坐在客厅里等着吃饭，顶多是在饭菜端上来说一句"麻烦你了"。

恋爱对于小安最大的改变就是，下班后有了个可以一起吃饭的人。这对于她来说已经很满足了，从来没有恋爱过的她，全心全意地投入到这段感情之中，好像要把积蓄了二十八年的爱恋，全部用在那个相识不久的男友身上。她为他做饭，给他洗衣服，陪他一起看肥皂剧，去香港的时候，特意给他买了块天梭的表，足足花掉了她一个月的工资。

从某种程度上，我认为美貌是和贤惠成反比的，大凡略是平头正脸的，生就一身娇滴滴的懒肉，吃口饭都恨不得男友喂进口。而小安简直生来就是做贤妻良母的料，那阵正在学着做西点，我每次闻着客厅里传来的浓郁香味，口水直下三千尺，对那个坐享其成的老陈无比羡慕嫉妒恨。

两人发展得很快，年中相识，年底已经在讨论着去哪里买房子。问题就出在买房子上。一天晚上，老陈和小安在客厅看电视，我识趣地退守到卧室里。

客厅里传来一阵小声争吵，很快有人开门走了，过了一会儿，小安眼睛红红地敲开了我的门。

我吓了一跳，试探着问她是不是被非礼了。

小安吞吞吐吐地说："陈哥向我借钱了。"

这个消息可远比逼奸未遂更震撼人心，我忙问："借多少？

"八万。"

这可不是一个小数目，我追问："用来干吗？"

"赎楼。"小安告诉我，老陈想换个大房子，可他原来买的房子还有贷款没还清，所以想让她先帮忙还下贷款。

对此我十分不解："你们才恋爱没多久，为什么要问你借钱啊，不能问朋友借吗？"

小安解释说老陈是北方人，在这边没什么朋友。

我彻底无语了，一个大老爷们，好歹在社会上混了这么多年，怎么连个朋友都没混上呢？

后来我总算知道为什么老陈会交不到朋友了。

那天我们挤在一张床上聊到很晚，小安虚心地问我，一般情况下，情侣之间会如何恋爱。

事实上我远远谈不上情史丰富，只能照着我有限的恋爱经验告诉她，一般情况下，也就是出去吃吃饭，看看电影，听听音乐会，旅旅游什么的。然后我反问她："你们不是这样吗？"

"我们有点特殊。"小安支吾了一阵，终于坦白说起了她和老陈交往的过程：

第一次约会，地点选在中山公园（这里是免门票的），转悠了两小时后，小安说渴，老陈让她先忍忍，因为公园里的矿泉水卖两块一瓶，咱不能便宜了黑心商贩。

第一次吃饭，地点选在真功夫，老陈同学为了点双人套餐还是分开点，合计了半天，两者之间的价格相差大约为3—5元，小安吃了套餐后又要了杯奶茶，老陈数落她不懂事，理由是外面的奶茶要便宜2元一杯。

第一次来做客，老陈带来的见面礼是一枝玫瑰，然后乐呵呵地吃完了小安做的三菜一汤。后来老陈的生计问题基本上就是在这里解决的，陪小安去买菜的时候他态度倒挺好，所有菜都归他拎，当然，他出了力，菜钱就只能由小安出了。

……

听完之后，我总算知道小安的恋爱"特殊"在哪了儿——谈恋爱总得花点钱，可是这位老陈同志，接近于一毛不拔。

"极品啊。按说他应该不穷吧，他那个职位可是出了名的肥差。"我总算见识到了什么叫作"零成本恋爱"，要不是对老陈所在单位的底细早一清二楚，我可能就会怀疑他是不是从非洲逃难过来的。

看我反应如此强烈，小安又忍不住为男友辩解："他虽然小气点，但对我是真心的，他的意思是，钱要存起来买房子。我想结婚以后，两个人的钱反正会归在一起，应该没什么大碍吧。"

我唯有苦笑而已。

小安说着说着，渐渐抽噎起来："再说我年纪也不小了，长得又不怎么样，现在还能有什么要求呢，只求能找到一个肯和我相依相偎的人就行了。我妈妈说过，女人总是要受些委屈的，只要肯委屈些，他总会对我好的。"

我还能说什么呢，只好抱抱她，小声劝她别再哭了，明天还要上讲台见学生呢。

小安征求了很多人的意见后，没有借钱给老陈。他因此消失了一段时间。

那天我难得提早回了家，恰好碰见老陈来了，不知是不是由于有了偏见的缘故，老陈还是那个老陈，我却觉得他的秃顶前所未有地有碍观瞻。

桌子上的花瓶中插着枝玫瑰，小安高兴得喜形于色，我却想，老玩一朵玫瑰这一套，你登门赔罪的话好歹多买几枝玫瑰啊，一朵玫瑰那是哄小女生的吧。

小安拉着我一起去吃饭，我平常下班晚，都是在外面吃了再回来，想想怎么也得给室友个面子，于是就去了。点菜的时候，我点了一个黑椒牛扒套餐，外加一盅老鸭冬瓜汤。这个时候，我注意到对面老陈的脸色有点发青，恶作剧的心理顿时冒了出来，挥手又叫了一份香蕉船。

小安只要了个最普通的扬州炒饭，我让她点杯喝的，她摆手说不用了。

等我们吃完买单的时候，老陈坐在椅子上一动也不动，小安见状悄悄地拿出了钱包。

我知道小安平常很节省，买把小白菜都要砍价，让她破费我于心不忍，连忙掏出钱包说："平常经常吃你做的糕饼，这顿我请了。"结账时才发现，只不过168元而已，何至于有人竟为此岿然不动呢？这样的铁公鸡，能有人和他做朋友才怪。

小安也是个节约的人，可是对待朋友从来慷慨热情，朋友们也都爱她，到了周末的时候，就提着排骨青菜之类的过来吃饭。

在没有谈恋爱之前，我们的两居室几乎就是小安学校年轻人的固定聚餐地点。可是谈恋爱之后没多久，老陈就郑重地向小安提出，能不能别叫朋友过来吃饭，一桌子人叫叫嚷嚷地吵得人头痛。

小安哪开得了这个口啊，倒是朋友们再来的时候，看见老陈坐在客厅里，铁青着一张脸，像门神一样，渐渐也就不怎么来了。

从那以后，小安对老陈更迁就了。学校一放寒假，他们已经在讨论该去谁家过年，结论是年前先去老陈家，然后再一起回湖南，正式向小安的父母提亲。

为了给老陈家人留个好印象，小安特意去了澳门血拼。她给老陈爸爸买了进口烟酒，给老陈妈妈买了高档虫草，给老陈买了名牌西装，最后一狠心，给自己买了件巴宝莉的风衣，外加一套兰蔻的彩妆用品。

我很想知道老陈给她的父母准备了什么礼物，想了想还是没敢问。

过完年回到广东，我以为见面能听到小安的喜讯，听到的却是她分手的消息。

小安蜷缩在沙发上，拎着一瓶烈性白酒，醉眼迷离地看着我说："告诉你一个消息，老陈和我分手了。"

我吃了一惊，一时间不能判断这个消息到底是喜讯还是噩耗。

我还没有想好如何开口时，小安已经哭成了泪人："老陈，他不要我了。"

真是石破天惊。

原来这次小安随老陈回老家，他妈妈一开始见到小安还挺热情的，可是看到她带来的礼品，听说她身上的大衣价格后就变得冷漠了，其实小安担心老太太心疼，报的价格还压低了好多。

"老太太还特意跑去化妆品专柜，看我用的化妆品是多少钱一套的，回来后和她儿子嘀咕了两天，老陈就说不能跟我回湖南了。"小安越说越委屈，她真想不通，自己是为了见未来婆婆特意打扮得齐整些，没想到反而成了奢侈浪费的罪过。更没想到的是，老陈和他老娘站在同一战线，列举了她乱交朋友、乱花钱等诸多罪状。

"他们的结论是，我不是个适合过日子的人。"小安气愤不已，"你说说看，我怎么就不适合过日子了？"

听到她的控诉，我忽然想起，就在不久之前，她还在厨房里，系着围裙，欢天喜地地忙碌着，那时候的她是多么快乐，满心都是把日子好好过下去的憧憬。就是这个姑娘，平常连件阿依莲都舍不得买，却能豪气干云地花掉一年的积蓄，想给男友的家人带去惊喜，结果回报她的却是惊吓。

"我妈妈总是说做女人要学会委曲求全。"小安幽幽地叹了口气，"我已经很委屈很委屈了，为什么还是不能求全呢？"

我能想出的最有效的安慰方式就是陪她去逛街。那天我们逛了春天百货又逛吉之岛，去的都是平常难得光顾的专柜。

几个小时后，小安一身亮丽地走出了商场，包里放着一张刷爆了的信用卡。我提着大包小包跟在后面，看到的是一个女人的新生。

从那以后，小安像变了一个样，她在物质上不再苦待自己，只要是在能力承受范围之内的，她都会尽可能地满足自己。

老陈的事对她打击还挺大的，以至于她过了很久才开始下一次恋爱。这次的男朋友很大方，求婚钻戒都要买卡地亚的，倒是小安舍不得花他的钱，执意要求只要买个普通的铂金戒指就好。

她告诉我，有次她和男朋友去逛街，经过一间快餐店，看到老陈和一个女孩子在店里吃快餐，简陋拥挤的快餐店里，老陈对着一份普通的烧鸭饭，吃得满面油光。

小安急急走了过去。她有点难过，也有点释然，难过的是，回想起了和老陈在一起所受的委屈，释然的则是，他对其他女人并没有比对她大方，也许他并不是不爱她，只是这份爱还不足以上升到金钱。

小安说，她其实不介意在哪里吃饭，她介意的是，他明明有能力偶尔请她去吃一顿大餐，却一直请她吃最便宜的快餐。

请看透一切为情所伤

听说过很多为情自杀的传说，可是当传说一下子变成了活生生的新闻，我还是有些震惊的。

微博有条新闻：北京29岁女记者坠楼身亡，生前朋友圈发长文称男友出轨。

以前听到的为情自杀的女主角基本都是女明星，这次居然换成了女记者。一个女记者，多多少少见识过社会的黑暗面，眼里何以还是容不了一粒沙子呢？

再看这位叫丹丹的女记者的遗书，震惊变成了难过。

就在死之前，她还在朋友圈里发长文，一方面谴责男友的出轨对象：你明明知道他都要结婚了为什么还往上贴，当小三的日子过得可还刺激？另一方面则控诉男友：短短几天你变得太快了，你连给我缓冲的余地都没有，你是如何做到对我这么狠心的？

在那封信里，她还幻想着："我走了，带着我们的爱走了，我不舍得它逝去。这样我就可以永久陪伴你左右了。"

如此天真，如此痴情，其情可叹，其人可怜。

事情发生后，无数人冲上去骂渣男和小三。我却觉得，这个时候再去谴责任何人都于事无补了，更重要的是，是打破女孩们对完美爱情的幻想，提醒她们不管何时何地，都要珍惜自己的生命。

丹丹并不是头一个因为男友出轨而自杀的女人，在她之前，有很多姑娘同样因为此类事情自杀而永远被人们记住了。

这些姑娘为什么会为一个并不值得的男人自杀呢？我曾经百思不得其解。看丹丹的遗书，她一方面想用死来控诉渣男及小三，另一方面想借死来让对方铭记终生。

死亡可以伤害到伤了你的男人吗？从阮玲玉之死来看，只怕很难。

曾经大家以为阮玲玉是因为"人言可畏"自杀的，后来曝光的据说是她亲手写的遗书上写着，她的死，实际上是拜男友唐季珊所赐。

在那封遗书上，她悲愤地写道："季珊，没有你迷恋××,没有你那晚打我，今晚又打我，我大约不会那样做吧。"在遗书中，她控诉唐季珊是"玩弄女性的恶魔"。

看丹丹发的那篇长文，心情和阮玲玉也有些相似。不过她谴责的是小三，而不是男友。

这种控诉有用吗？

短时间内也许有用，因为男人和小三都会承受相当大的舆论压力。

阮玲玉死后，唐季珊成为众矢之的，不得不当众表示："余为丈夫，不能预为预范，自然难辞其咎；但余对玲玉之死，可谓万念俱灰。今生今世，余再不娶妻，愿为鳏夫至死。"

过了没多久，舆论平息了，这位表示"再不娶妻，愿为鳏夫"的唐季珊，马上另娶了一名叫作王右家的新夫人。

所以你看，以死来做最后的控诉是没有用的，现在看来丹丹的那位男友和所谓小三会受到大众的指责，等到风平浪静后，人家舞照跳婚照结，根本不会受到什么影响。

一个人的死，永远都只能伤害真正爱她的人。如果那个男人已经不爱你了，那么就算你死上一千遍，他也不会怜惜你。

那么死亡可以让对方永远记住你吗？

来瞧瞧翁美玲和汤镇业的故事吧。

翁美玲当年以黄蓉一角红遍大江南北，风华正茂时却选择了开煤气自杀。在死的前一天，还和男友汤镇业大吵了一架。死亡原因据说是因为汤镇业在海滩上和另一个女子过于亲密。

在翁美玲的出殡仪式上，汤镇业出于愧疚，也迫于舆论压力，将折断的半边梳子放进了她的灵柩内，以结发妻子的礼节送别了她。

这一幕曾经感动了许多黄蓉迷，可后来汤镇业在接受采访时说，他当时是被人安排这样做的，并不是出于本心。

翁美玲死后，汤镇业当然结了婚，而且还不止一次。他似乎不太愿意提起翁美玲，毕竟如果不是后者的自杀，他的星途也许会顺畅很多。

是的，她的确被他记住了，却是以这样的方式。如果是你，你愿意这样被记住吗？

临死前，丹丹在长文中还深情地期待："我将化身为我们爱情的象征，一只猫咪，看着你吃饭、睡觉、工作与生活，开心及幸福。"

唉，傻姑娘，真是太一厢情愿了。她不知道，就在她死去第二天，那位她想化身猫咪陪伴终身的"男友"公开表示，他和丹丹已经分手，房子是他自己出资购买，也是他自己装修，并不是为结婚准备的婚房。

看到这里，连我这种不太爱骂男人的女人也忍不住骂一句：渣男！

丹丹啊，你可知道，你这般不舍，人家想的却只是撇清。

距离阮玲玉自杀，时间已经过去了大半个世纪，为什么还是有些姑娘这么想不开呢？

我想，可能是因为她们把爱情看成了人生的全部，把爱情想象得太过完美了。她们不知道，一生一世一双人只是人们对美好爱情的最高期盼，很多时候，爱情并不一定会白头偕老，爱人并不一定能从一而终。你要追求爱情，就得承受风险。就像你爱上一个人，就等于赋予了他伤害你的权利。

我们要学会的，不是去预防男人出轨，而是万一遇到男人出轨，仍然能够一个人好好地活下去。人生那么长，谁都无法避免心碎，生而为人，就得学着在心碎中重生。

为情所伤不要紧，可你千万别为情而死。你要好好活下去，等到你活得足够长，经历得足够多，就会发现，你的人生就不会因为失去任何一个人而毁掉，除了爱情外，还有太多值得你珍视的事物。

如果一时间想不开怎么办？我觉得这时候不妨把眼光放长远一点，想想十年后，二十年后他是个什么样子。

想想看，如果翁美玲活得足够长，见到如今这个大腹便便、暮气沉沉的汤镇业，她会不会哑然失笑，心想当初怎么会为这么个大叔去自杀！

目光放远一点，你就会发现，根本没有任何一个男人重要得你可以为他去死。

所以姑娘啊，千万别用别人的错误来惩罚自己了。难受的时候，多念念亦舒的这段名言："如果一个男人不爱你，那么你哭闹是错，静默是错，呼吸是错，甚至死了都是错！"

姑娘，你是如此珍贵，万万不要为了那个觉得你什么都是错的男人犯傻。

古人说三十而立，并不仅仅指的是男人，
一个女人往往也要等到过了三十后，
才会真正地"立"起来。物质上，
三十多岁可能已经有了自己的房子车子；
工作上，也基本站稳了脚跟，
事业蒸蒸日上，不用再为生存而焦虑；
精神上，人过三十之后，
会越来越清楚自己想要的是什么，
不想要的是什么。

三十岁 是 最好时光 的开始

叁

（（

如 何 化 解 相 亲 的 羞 辱

在一个深夜，看完了最近大热的《东京女子图鉴》，心情久久不能平静，于是随手发了条朋友圈："同样是三四十岁漂亮知性的女高管，《欢乐颂》里的安迪大把精英男追求，《东京女子图鉴》中的绫却只能包养小白脸。可能后者才是真相。"

没想到这条朋友圈引起了很多女性朋友的热议，她们一致以为，与《欢乐颂》相比，《东京女子图鉴》才是真正的写实。

表面上，这看起来是个关于麻雀变凤凰的故事：来自秋田县的漂亮姑娘绫，一心想成为让人羡慕的人，于是去了东京，从小白领做起，经过二十年的打拼，成了时尚品牌公司的高管，登上了杂志封面。期间，也有过几段感情，可喜欢她的她不想选，她喜欢的又不想选她，高不成低不就，就这样单了下来。

三十岁以后的绫，终于成了自己渴望成为的"白富美"，也一下变得恐慌起来。为了能够嫁出去，她赶紧跑到一家婚介所去注册。

我开始还觉得，像绫这样知性漂亮、身家丰厚的女人，去相亲应该很受男性欢迎吧。她穿着昂贵的大衣，背着名牌包包，站在一群二十来岁的小姑娘中间，完全就是鹤立鸡群嘛。

结果呢，见证奇迹的时刻到了，小姑娘们一个个都被挑选走了，只剩下绫独自站在原地，无人问津，活像一只失群的孤鹤。

婚介所的工作人员一语道破玄机：注册婚介所的男同胞们，首先最在意的是女性的年龄，想成家的男性寻求女性时，比起外表、社会能力，更加注重的是生育能力。

她还劝绫，最好换一身打扮，因为一看就知道都是名牌，这样会让对方觉得你是一个花钱大手大脚的女人。

看到这一幕我简直有砸电视机，哦不，砸手机的冲动。凭什么啊，绫这么优秀这么漂亮，就因为年龄大了点，出去相亲就只有沦落到"被挑选"的地步，不应该是她挑选男人吗？

我把这个观感和身边三十多岁的单身女性朋友们一分享，结果只有一人表示没有异议，其他人都表示对绫的遭遇深有同感。

这些朋友有的未婚，有的离了婚，长相天差地别，工作天差地别，经济实力也天差地别，唯一相同的是，她们过了三十再去相亲时，都感受到了中国婚恋市场深深的恶意。

一姐们，有房有车，工作清闲稳定，在小城市里生活得挺安逸。前阵子刚离婚不久，就有人介绍她去相亲，约会地点是男方定的，选在麦当劳。我那姐们正减肥呢，犹豫着要不要吃这种高热量的食品，结果人家没客气，就给她点了个甜筒，然后自己啥也不点，三言两语问了问她的基本情况就说再见了。

她以为没戏了，回到家却收到那男的发来的微信："××，要不我们先试婚一段时间看合不合适？"

她没反应过来，问："试婚？"

那男的又说："我妈说女人过了三十就不好生养了，可我对你印象还挺好的，要不先试婚下，等你怀孕了就马上拿证？"

她一听气炸了，心想我都没挑剔你抠门呢，你还来挑剔我能不能生，简直不能忍，当场就把那男的给拉黑了。

离过婚的女人是这待遇，从来没结过婚的30+女人也没好到哪去。认识的另一个姑娘，真的算是事业小成了，在寸土寸金的深圳自己有房，还和人合伙开了间公司，可能太忙，一直也没交男朋友。

过年时，她爸妈给她下了道死命令，必须得赶在35岁前把自己嫁出去，再不嫁，连孩子都生不了啦。

这姑娘还算听话，过年期间展开了密集的相亲，最多一天相了四个。大多数都没了下文，只有几个留了微信不咸不淡地聊着，其中有个男孩子，比她小三四岁，她觉得年龄上不大合适，结果对方挺殷勤，每天在微信上嘘寒问暖，时不时还叫快递送个花什么的。

一来二去的，她都有点心动了，后来有天，那男孩子扭扭捏捏的，终于问出一句话："姐，要是我们结婚的话，你房产证上能加上我的名字吗？"

结果不用说，又是拉黑了事……

"真不知道这些男人哪儿来的优越感，真拿自己当救世主了！"这姑娘现在还愤愤不平，"要啥啥没有，还一副我看上你就是拯救你的姿态。"

姑娘们都陷入了沉默，然后有人幽幽地叹了口气，发表总结陈词说："女人过了三十后再去相亲，就是从'卖方市场'变成了'买方市场'，男人想的是，你有人要就不错了，还挑什么啊。"

众姑娘哑口无言，大家不想承认，却又不能否认，她说的还真是事实，尽管这事实有些残酷。

不禁想起了前一阵热门的徐静蕾与蒋方舟之争。

她们一起上了窦文涛主持的"圆桌派"，大谈婚恋等话题，于是难免被放在一起比较。

42岁的徐静蕾很霸气地宣称："我根本不在乎男性怎么看，爱怎么看怎么看。"谈及对婚姻的看法，更是语出惊人："如果硬说结婚有什么必要的话，我认为生孩子上户口是个很好的理由。"

她确实也是这么做的，只恋爱不结婚，冻卵子，享受爱情又保持独立。

27岁的蒋方舟则坦言："我现在在两性市场是处于被挑选的状态。"

心疼小蒋同学，真是个老实孩子啊。可说破了真相的人，往往是不受欢迎的，因为她的话让大家心里堵得慌，于是小蒋就成了群嘲对象。

许多人拿她当靶子，说什么女人当学徐静蕾，活成自己喜欢的样子，千万不要学蒋学舟，才27岁就开始焦灼了。

听了这话我只想说，不管蒋方舟是自嘲还是说真话，她代表的才是常态好吗。小蒋多实诚啊，她说自己总是不断地去相亲，还总是担心对方看不上自己。

都想活成徐静蕾那样，事实上很多女性连蒋方舟这样都活不成，她还可以把相亲当成一种生活体验呢，换其他人，剩下的可能只有焦虑和耻辱感了。

是的，对于三十来岁的女人来说，有些相亲纯粹就是一场耻辱。你再优秀再有内涵再有生活情趣又如何，在很多男人心目中最在乎的永远只有两样：年轻，漂亮。

如果一不小心就年过三十依然单着，该如何避免这种耻辱呢？

徐静蕾的活法虽然不是常态，但不妨作为标杆。我们来参照一下，若想向她靠拢，需要从哪些方面努力。

首先，你得有钱。

钱就是一个人的底气，有这个底气，徐静蕾才能有资本跑去国外冻卵。如具你没钱，找男人还要奔着对方的车子房子去，心里难免都虚了几分。

当然不是每个人都能挣到去冻卵的钱，可一定的物质基础至少能让你不那么急着找张长期饭票。就算是孤独终老，在舒舒服服的大房子里孤独终老，也比在出租屋里孤独终老要体面得多。

然后，你得美。

当然不是让你都漂亮成女明星那样，至少你得把自己收拾得清清爽爽的。

曾经看过一个帖子，主题是"女人过了三十就嫁不出去了吗"，最经典的回复是"楼主，年龄不重要，长相最重要！"

现在医美这么发达，再加上健身美容什么的，三十多岁看上去还美美的，不是件完全没可能的事。

长相在相亲市场具有压倒性的优势，我有个闺蜜，属于那种看上去舒服的漂亮，还不是令人惊艳的漂亮，这已足够让她相亲时去闪瞎男人们的眼了。

如果你要说，我既穷，又丑，难道就不能追求理想的爱情了吗？难道就非得将就吗？

当然不是。但我求求你，那就不要去相亲了好吗！

相亲本来就是件再势利不过的事，年龄、收入、长相、房产，甚至有没有爹妈都被当成筹码放在天平上称，没有人在乎你的心灵美，更没有人在乎你是否有一个有趣的灵魂。这样的规则在有些人看来纯属荒唐，可只要你选择相亲，就不得不被这些规则所束缚。

你要避免被物化，就只有跳出这荒唐的规则之外。

不相亲还可能把自己嫁出去吗？

当然有可能，总有一些男人出淤泥而不染，不会被你的年龄吓倒，而这样的男人基本不会去相亲，遇到的概率也很小。

可人生在世，不想委屈自己的话，就得追求让自己成为那个小概率的一分子，当然你要做好准备，这样可能会一辈子都结不了婚了。

但结婚真的有那么好吗？

说回《东京女子图鉴》中的绫，通过相亲，她终于嫁给了一个所谓的旗鼓相当的男人，那男人待遇好，有房子，就是一点，丑得下不了口。

就这样的丑男，还对她毫无感情，只想生孩子，不想过性生活，最后还出轨了。

看到绫离婚那一幕，作为观众我都深感神清气爽。讲真，她后来包养小白脸，我觉得都比她那段糟透了的婚姻好。

很多时候，你委委屈屈地嫁了，准备着将就过一辈子，没承想对方连将就的机会都不给你。那还不如一开始就不要将就好了。

三十多岁的女人如何才能避免"被挑选"的命运？我想，只有等她强大到不把婚姻当成必需品，才能彻底跳出这重重束缚。

三十岁后的容貌靠修炼

毕业多年后同学再聚会，太久没相见了，大家嘴里说着"风采依旧"，心中却暗自为彼此容颜的变迁而惊诧：以前风度翩翩的少年，现在已成为体重超过一百五十斤的胖大叔；当年颠倒众生的姑娘，如今已沦为身材走形衣着邋遢的欧巴桑。

所以当阿敏走进来的时候，大伙都眼前一亮，男生们是因为惊艳，女生们则多多少少有点羡慕嫉妒恨。

阿敏衣着得体，身上穿的白色小礼服做工精细，一看就知道是个不错的牌子，但又不显得过分奢华。阿敏皮肤晶莹剔透，显而易见是长期保养得当的结果，脸上还化着淡妆，眉描得不浓不淡，口红的颜色也娇艳得恰到好处。其实以前在朋友圈里，我们都见过阿敏的近照，发现她比读书那时美多了，还以为那是美图秀秀的功能，没想到真人和玉照一样美丽。

"哪里来的美女，亮瞎了我们的双眼啊！"男生们纷纷半真半假地上前求拥抱，阿敏浅笑盈盈，落落大方地满足了他们的要求，随之又和在场的女生们轮番拥抱，不冷落现场任何一个人。

接下来的聚会，几乎成了阿敏的个人秀。饭局上，她可以和男生推杯交盏，也能和女生细话家常。饭后大家去了KTV，男生女生分座两边，都显得有点儿拘束，这时候，阿敏走到一位男生前，伸出手来邀他共舞，顿时，掌声雷动，气氛一下子热烈起来了。

几曲歌舞下来，男生们已达成共识，公推阿敏为班级的"全能女神"。女生们则心情复杂，一个个起哄让阿敏交代她是如何实现"逆生长"的。

终于有人忍不住说："阿敏啊，你现在真是脱胎换骨了，想当年，我们班四大班花，好像都没你的份啊。"

阿敏点头说："是啊，那时我是只典型的丑小鸭。"

其实，说是丑小鸭倒不至于，但学生时代的阿敏，确实一点都不出挑，是那种扔进人堆里就会消失的姑娘。有同学在微信群里传过一张学生时代的合影，阿敏站在角落里，身材有点微胖，脑门上罩着厚厚的刘海，完全跟漂亮扯不上关系。

但那个时候的阿敏，已经显示出对于美丽的孜孜追求。同学们印象最深刻的是她立志减肥后，每天天不亮就起床爬楼梯，从一楼爬到六楼，大家还在睡梦中时，她已经爬了数十个来回。就这样，通过几个月的高强度运动，快毕业时，她已经甩掉了婴儿肥，成为一名亭亭玉立的少女。

说实话，阿敏并不属于先天美女那类人，她如今的美丽，纯属一天天修炼得来的。知道自己是易胖体质，她就狠下心来节食，晚餐从不沾荤腥，基本上都是吃绿叶蔬菜；希望自己形体更挺拔，就十年如一日地苦练瑜伽，大冬天都能练得热汗直流，平常坐的时候腰背都是挺直的，顺带还考了瑜伽教练资格证；明白自己的缺点是个子不够高，她出门见客从来都是穿十厘米以上的高跟鞋，补充一句，她只穿细高跟，拒绝一切厚底鞋，理由是这样小腿才会绷直，起到拉伸的效果；业余时间，她还给自己报了各种美妆、礼仪、谈吐之类的班，以求达到内外兼修的效果。

就这样，通过孜孜不倦的奋斗，阿敏成功地证明了即便不是天生丽质，也可以通过努力修炼成后天美女。

对比起来，当年的几大班花，在少女时期无不光彩照人，现在却渐渐朝着大妈的路上一路狂奔，隐隐已有被后天美女赶超的趋势。

班花A，自从生完孩子后就胖了两圈，至今没有瘦下来，看背影膀大腰圆，好似一座会移动的小山，当年迷倒了一班男生的瓜子脸，也已胖成了大饼脸。

班花B，年少时就瘦，现在更是瘦成了一把骨头，脸上可能也是疏于保养，面色暗沉，不笑也有很明显的法令纹。

班花C，身材和面容都保持着少女时的风韵，可穿着一身的淘宝货，身上那件松松垮垮的T恤，目测不会超过五十元。

……

眼见着昔日不起眼的黄毛丫头修炼成了女神，这些当年的天之骄女们不免都有几分讪讪的，她们把阿敏的蜕变，归结为有钱有闲，事实上天知道，阿敏和她们都做着一样的工作，所嫁的老公也只是普通的工薪阶层而已。

女生们在羡慕阿敏的同时，不免又觉得这样的"修炼"太苦了。每天都苦练瑜伽，说不定腰椎都劳损了，哪有躺着看电视舒服！晚餐只吃青菜？还是大口吃肉大碗喝酒来得痛快。形体课美容班就别提了，有那个闲钱还不如多搓两圈麻将。不说别的，就说她那双超过十厘米的细高跟，绝对不是寻常人消受得了的。

没错，踩着细高跟的阿敏确实没有穿着平跟鞋的众女生日子过得舒服随意，在那么多年里，她一直保持着爱美的劲头，从未松弛，从未懈怠。这世界上所有的结果，都来自我们自己的选择。你选择轻松惬意，就不要埋怨身材发福走形，你选择不断地追求美丽，就要承担随之而来的累。

美貌就像才华一样，有些人天赋异禀，却并不懂得珍惜，年少时还可以任意挥霍，等挥霍完了，总有一天会泯然众人；有些人天资平平，却懂得苦心经营，在付出大量的汗水后，极有可能变得脱颖而出。

老天给予我们的时间都是一样的，岁月对有些人来说是把杀猪刀，在极个别人那里却化成了一台雕刻机，能把自己打磨得越来越优雅，越来越出众。

所以有句话说，三十岁以前的容貌靠爹娘，三十岁以后的容貌靠自己。这里并不是说你一定要像阿敏那样始终紧绷着，可至少你得不放弃自己。奇怪的是，身边不少朋友在各方面都努力拼搏，唯独早早地就放弃了身体建设。其实最应该花时间精力，最应该被善待的难道不应是我们的身体吗？

很多女生觉得只要"心灵美"就够了，追求外表光鲜是件特别虚荣肤浅的事。很多人过了三十岁之后，满身肥肉和满脸褶子上都写着"自暴自弃"四个字。旁观者看了痛惜，局中人还浑然不觉。想想看，这种情况下你心灵再美，哪里会有人透过层层脂肪来发觉呢？别怪旁人不识货，毕竟谁也没办法长着一双透视眼。

可能有人会辩驳我说，都三十多岁的人了，还爱什么美啊，反正再怎么较劲都拼不过小姑娘了。实际上只要保养得宜，御姐的杀伤力未必会低于萝莉，王菲、伊能静这些秒杀小鲜肉的女明星就不说了，现实中也有不少御姐扑倒正太。前提是，姐姐们够瘦、够美、够有吸引力。年过三十就穿着睡衣上街以大妈自居的女人们，就别幻想还会有什么艳遇飞来了。

别再拿年龄当借口，杨丽萍年近六十了仍然满身仙气，林青霞已过花甲仍被奉为不老女神。就算有天大家都会变老，我相信像阿敏这样的女人，仍然可以成为一个很出挑的老太太。

你要聪明，更要勤奋

去一个亲戚家做客，大家聊起相熟的一个孩子。

这个孩子一直是他爸妈心头的一根刺，从小到大都很顽劣，在家里不听父母的话，在学校里更是混世魔王。他爸妈是中年得子，对这个孩子看得特别重，总觉得他聪明伶俐无与伦比，加上这孩子小时候成绩也不错，于是逢人就夸这孩子机灵。朋友们听了，自然是随声附和。

结果这孩子自恃聪明，谁都瞧不上，老师一说他他就顶嘴，光是初中就转了三次学。中考前临时抱佛脚，居然考上了当地的重点中学，这下他爸妈更是笑得合不拢嘴，逮到人就说"别人都老老实实读了三年书还考不上，他用心读了三个月就考上了"。

到了高中后，这孩子上课经常睡大觉，有时还跷课去打游戏。他爸妈有时着急说下他，他就两眼一翻，说等快考试再努力就行了。到了高考放榜时，他爸妈傻眼了，原来他连专科都没考上。

这孩子自觉脸上无光，也不复读了，年纪轻轻就外出去闯荡。问及闯荡的成果，一个了解情况的朋友说："回家啃老了，整天坐在电脑面前，吃饭都叫不动。"

大家连连摇头，那孩子的一个亲戚惋惜地说："人是很聪明的，就是不勤奋。"

在一片附和声中，我忍不住泼了盆凉水："可别这么说了，说不定他就是被这句话害成这样的。"

我为什么这样说？因为这些年我见过不少被称作"很聪明就是不勤奋"的孩子，长大后都混得不怎么样。

刚开始在网络上写作时，我认识了一群写手圈的朋友，其中有一个姑娘是公认的有灵气，但她非常懒，一年也更不了一部作品。事到如今，写手圈不少人都在圈内小有名气，那姑娘早就销声匿迹了，因为她根本没有坚持写下去。

我小时候有个玩伴，从小就被大家看成智商高，读起书来吊儿郎当的，居然也考上了重点大学。工作后，他继续吊儿郎当着，这下可没那么幸运了，换了几个公司，没有领导受得了他，因为他做什么工作都挑三拣四，只想做最轻松最讨好的活，让他加个班比杀了他还难受。

这样的人都有个共同特征，看上去都挺机灵的，反应也敏锐，智商也不低，就是不愿意花力气下苦功去干一件事。

"你很聪明，就是不勤奋。"相信很多家长都对孩子说过这句话，与此类似的还有"你很聪明，就是不当真"，"你很聪明，就是不肯费力"。

家长们的初衷，多半是为了鼓励孩子，暗示他是支潜力股，只要稍微勤奋点就行了。可结果就是，无数孩子被这句话误导了，他们只听进去了前半句，也就是"你很聪明"四个字，然后就更加不愿意努力了。

自恃聪明的人，很多都不屑于勤奋，他们甚至看不起那些扎扎实实下苦功的人，他们觉得只有笨人才需要如此努力，而自认为智商高人一等的他们，自然是不需要如此费劲的。他们总是以为，自己不费什么力气，就可以做得比那些下苦功的笨人好得多。

他们内心的潜台词是"我都这么聪明了，干吗还要努力啊"。

他们把那一点点聪明，都用在了走捷径和费巧劲上。

可事实上，世上永远没有不费力气就能获取的成功。聪明是需要勤奋来加持的，一个人先天禀赋哪怕再出众，后天不努力的话也完全发挥不了才智。聪明只是潜力，只有足够勤奋的人才能把它变成能力。

举一个广为人知的例子吧，郭靖和黄蓉，大家都很熟悉吧。郭靖四五岁才会说话，从小就是个笨小孩，黄蓉呢，江湖人称女中诸葛，学什么都一点即通。

智商悬殊这么大的两个人，按说黄蓉应该甩郭靖几条街。可数十年后，郭靖成了江湖上数一数二的高手，黄蓉却只能和后起之秀李莫愁堪堪打个平手。

原因无他，只因郭靖是个肯下苦功的人，别人练一遍就学会的武功，他就练上一百遍一千遍，凭着这股子拼劲，他硬生生完成了从笨小孩到郭巨侠的逆袭。

看了这个例子，你就会发现，聪明但不勤奋，还是难成大器，勤奋但不聪明，却有可能逆袭。

更何况，我们寻常人智商之间的差距，并不像郭靖和黄蓉之间那么明显，最后取得的成就如何，基本取决于后天的努力程度。张佳玮就写了一篇爆文，他说，以大多数人的努力程度之低，根本就轮不到拼天赋。

一个从小就形成了勤奋习惯的孩子，长大了一般也会把这个习惯带到工作上去。一个懒散惯了的孩子，长大后是不大可能奋发图强的。所以当孩子还小的时候，家长与其将注意力放在他的智商上，不如多关注他的学习习惯。该批评时就认真批评，该督促时就好好督促，别再用"你很聪明就是不勤奋"之类的话来教育孩子。

这样的话，你以为是注强心针，很多时候却成了麻醉剂。

多少因为"很聪明"而沾沾自喜的孩子，最后就是毁在了"不勤奋"三个字上。

取巧省力只是小聪明，刻苦坚持才是大智慧。

那些在各行各业有所成就的人，几乎没有一个是不勤奋的。我认识一个女作家，每天坚持五点半就起来写作，一口气出了好几本畅销书。现在很多文章让你停止"无效努力"，让有些读者误以为不要努力了，醒醒啊年轻人，人家只是让你换换努力的方向而已。

只要放眼望一望，你就会发现，那么多比你聪明的人还比你努力，你还敢继续懈怠下去吗？

忘掉非如此不可的人生

朋友小路前一阵刚过了三十岁生日，古人说"三十而立"，所以她身边亲友动不动就挂在嘴边的一句话就是：小路啊，你都三十岁的人了……

言外之意是，你三十了，该懂事了，该勤劳勇敢了，该家庭事业一肩挑了。

三十像是一道坎，横亘在大龄单身女青年小路的面前。她常常自嘲说自己属于没立起来那一类人，没有男朋友，没有嫁人，没有生小孩，没有稳定工作，宅在家里接些设计单子做，不管是工作还是个人生活，都远远游离于老一辈规划的体面生活之外。

面对亲友们的说三道四，小路也曾经尽量按照社会对一个三十岁女人的期待那样来要求自己。她听从了七大姑八大姨的指令去相亲，相亲前还去美发店做了头发；她乖乖回老家找了份朝九晚五的工作，每天打着呵欠去打卡上班；她修身养性兢兢业业，她乐呵呵地陪着父母，她竭尽全力想让自己活得像大多数三十岁的女人那样，可其实呢……

其实她觉得相亲是天底下最乏味的事情，其实她每天的工作无聊到大部分时间都是在喝茶看报纸，其实她内心仍然焦躁，仍然充满愤怒，其实她对自己现有的生活无比憎恨，其实她只想逃到一个谁也不认识自己的地方去，其实她有时真的很想向全世界怒吼！

就这样苦撑了两个月，她终于逃了，逃回到以前寄居的大城市，继续过之前那种晃晃悠悠的漂泊生活。这样的生活当然是非主流的，但是她过得舒坦。再有人以爱之名来指责她时，她只不过一笑了之，再也不为所动。

"我知道也许我一辈子也过不了父母期待的那种主流生活，那又怎么样，毕竟父母也没办法取代我来生活，我自己的感受才是最重要的。"经过了这段波折后，小路彻底想通了。

其实不仅仅是小路，但凡你稍微有点特立独行，都会受到来自所谓主流的压力和排挤。世界上总有一些人，俨然以中流砥柱自居，试图把每个人的生活都导入所谓的规范之中，大至价值取向，小至生活观念。

在他们看来，世界上的确存在着一种理所当然的、"非如此不可"的生活：

工作嘛，肯定得有一个的，最好还是体制内的"金饭碗"，又清闲待遇又好，至于什么自由职业，是个什么鬼？年轻人追求的gap year，更是不敢想象的，正是奋斗的年纪，怎么能无所事事地去游荡一年？

婚姻嘛，人到了一定年纪肯定是得结婚的，成家立业嘛，先成家，才能更好地立业。那些奉行不婚主义的人，等着瞧吧，肯定会晚景凄凉。至于同性婚姻，中国还没有开化到这个地步吧？一切都要根据国情来定，不要被万恶的资本主义腐蚀了。

孩子嘛，自然是越多越好。人活着不就奔个子孙满堂吗？要是儿女嚷嚷着要搞什么丁克，那简直就是家门不幸。

至于爱情嘛，爱情是不可强求的。讲真的，爱情从来都不在此类人的考虑范畴之内，强烈的爱情往往和疯狂的激情结伴而来，意味着对现有规则的打破，这么危险的玩意儿，还是远离着好一点。

在这类人眼里，价值观大多是一致的，不管是工作还是婚姻，都要遵循稳定压倒一切的规则。否则的话，就是非我族类，其心必异，一定要想尽办法将这些异类同化。

我一度十分反感这些对他人指手画脚的人生导师，后来才发现，他们推崇的生活并非一无可取之处。我憎恨的，并不是这种生活，而是他们那种盛气凌人的强硬态度，以及这种态度背后的极其单一的价值取向。比方说，金钱或权势当然可以作为衡量人的标准之一，但如若成了唯一的标准，那又何其乏味！再比方说，婚姻美满儿女绕膝的生活当然是幸福的，但如果以此来推测所有单身的人都是不幸的，那自然是无比荒谬的。

我曾经采访过一个在业内小有名气的女记者，她一度在国内的顶尖媒体供职，天南地北地漂荡，出了几本书，被奉为人物采访的典范，后来又投身于音乐界，搞了一支少数民族乐队，到处去巡演，还走出了国门。这样的人生，只怕会令绝大多数人叹为观止吧。

采访中有几个三十多岁的女人围了过来，自称是她的粉丝，嚷嚷着让她唱了两首歌，又要和她合影，又是要她签名。粉丝们对她的私生活十分好奇，她也不隐瞒，很坦荡地全盘托出。

当听说她已经从那家知名媒体辞职，靠自由撰稿为生，在北京还没有一套自己的房子，尤其是还没有嫁人，现阶段正在为情所苦时，女粉丝们看她的眼神逐渐从艳羡变成了同情。一个粉丝揽着她的肩膀说："你应该安定下来，找个老实可靠的男人嫁了，你看我们都是这样的，不都挺好吗？"

她不动声色地躲开了这位粉丝的手，淡淡地说："是挺好的，不过我现在这样，也没什么不好的。"

她算是相当厚道了，并没有让粉丝难堪。站在一旁的我，倒是有点替那位粉丝感到羞赧。狂妄的人类啊，总是以为自己在井里面往外看到的那一小块蓝天就是无垠，殊不知天外有天，无垠之外更有无垠。她的前半生，已经活出了很多人几辈子的精彩，我不觉得，她所追求的幸福会是找个老实可靠的男人嫁了。这两种生活并没有优劣之分，我只是为她无端招致的干预而感到不平。

可笑的是，这种干预往往是打着"为你好"的名头，像上文提及的粉丝，一定会认为她是在心疼偶像吧。有些人可能不会强行干预他人的人生走向，却对干预他人的生活理念乐此不疲。所以我们的微博和微信朋友圈里，才会充斥着那些诸如"一生中非去不可的50个地方"、"身为女人不得不学的13个人生道理"这类文章。

每当看到这种标题我总是会下意识地排斥，倘若所有人都按照文中的标准去做，去一样的地方，做一样的事，奉行一样的价值观，那岂不是千人一面，所有人都过着同质化的生活？没有去文中的那些地方，没有按照文中说的那样活，难道我的人生就白活了吗？

事实上，没有什么地方非去不可，也没有什么女人必学的人生道理，所谓非如此不可的活法，原本就是一种束缚。如果说这世上只有一种活法的话，那就是诚实地活着，诚实地面对内心，诚实地面对自己，只要对他人无害，尽量想怎么活就怎么活，而不要去管其他人是怎么活的。

忘掉那些非如此不可的人生指南吧，千万别被条条框框牵着鼻子走，我希望自己去一个地方，不是因为那里被列为非去不可的50个地方之一，而是因为我想去那里。我选择旅行也好，宅在家也好，选择去大城市冲浪，还是留在小地方安居乐业，结婚也好，单身也好，这都是出自我内心的选择，而不是为了随大流。

罗素早就说过，参差多态才是幸福本源。正是千千万万坚持个性的"非主流"们，才构成了这世界的多姿多彩。所谓非如此不可的生活，其实只存在于某些人的臆想之中而已。

你 的 耐 心 不 能 总 是 太 粗 糙

我怀孕四个月的时候，妈妈从老家过来照顾我。我们整天处在同一屋檐下，相看两厌，彼此挑剔，她嫌弃我懒惰、邋遢、恶形恶状，连条内裤都懒得洗；我指责她粗心、自私、不够温柔，整天拿各类蔬菜炒肉丝来糊弄孕妇，我又不是小白兔，干吗整天给我吃胡萝卜？

怀孕六个月时，我才去照B超，熟人告诉我，肚子里是个男娃娃。知道这个消息后，我妈说："幸好是个男孩，你要是生个像你一样的女孩，养大了也是白养了。"这话可把我气坏了，就算要指责我不孝，也犯不着搭上没出世的宝宝吧，要知道，那不仅是我儿子，也是她外孙啊？

那阵子我正在看本叫《无后为大》的书，请注意，无后为大在这里其实应该加上一个问号，也就是说，这本书是在探讨生育观念的变迁，生孩子对于现代人来说已经从非如此不可变成了一项可有可无的选择。我读了这个书后有如醍醐灌顶，当时那个感觉啊，恨不得穿越回几个月前，那样就可以选择不生了。

老实说，我并不像很多三十岁的女人那样，迫不及待地想要个自己的孩子，相反，我很犹豫，甚至隐隐有些抵触，有些恐惧。我担心生下这个孩子后，不能给他提供良好的生长环境，不能让他免于各种有毒有害食品荼害，再说自私点，还担心有了孩子后，将分散我享受人生的时间。这些理由不仅说服不了家人，也说服不了我自己。于是在犹豫中，我迎来了这个孩子。直到生完之后很长一段时间，我才明白，最深层的恐惧不是源自于外在环境，而是源自于我的内心深处——我是多么害怕自己不能成为一个合格的母亲。

为什么会有这种害怕呢？我想，那是因为自身的遭遇。我曾经说过，如果要给我妈打分，顶多只能给她59分，离合格还差一分。我的妈妈怎么说呢，其实是一个很好的人，说她撑起了整个家庭也不过誉。她和很多传统的母亲一样，宁愿自己受罪，也不愿意让儿女吃苦，我们家一度非常清贫，餐桌上但凡有一碗荤菜，那肯定都进了我和弟弟的肚子，妈妈是不会动筷子的。

按照妈妈那一辈人的标准来说，只要把孩子养得白白胖胖，节衣缩食供养孩子上学，就算是尽到了为人父母应有的责任。说实话，我不觉得他们养孩子的方式和养小猪小狗有什么区别。小时候我还羡慕我们家猪狗呢，至少它们吃饱了后不用挨打。

妈妈是一个被生活磨砺得很粗糙的人，她转而用这种粗糙的方式来对待身边的人。说实话，我是在她的呵斥和殴打中长大的，从小就没有得到过来自母亲的温柔和体贴，比殴打更让我难受的是，在整个成长过程中，我得不到一丝来自长辈的温存和指导。我爸虽然爱我，但是要知道，有些事情是不方便跟爸爸说的。我十来岁月经来潮的时候，羞愧得想去死，根本不敢将这事告诉我妈，生怕她趁机把我毒打一顿，只能偷偷地跑到后面的池塘里去洗弄脏了的裤子。那可是大冷天啊，手指泡在冰凉的水里红肿得像胡萝卜，更可怕的是，我小小的心里，满是无法启齿的羞耻感。

也许，对母亲的怨恨，就是在这样一件一件看似平常的小事中累积起来的吧。小时候我特别羡慕表妹敏敏，因为她有一个温柔美丽的妈妈，每次看见大姨和敏敏母女俩说说笑笑时，我就在心里祈祷上帝，上帝啊，你能不能给我换个像大姨一样的妈妈啊？在我年幼时，我固执地认为，别人的妈妈总是好的，别人的妈妈和女儿有说不完的体己话，会把女儿打扮得像一朵花，而我的妈妈呢，永远只会板着一张脸，给我穿姑姑淘汰的旧衣服。

所以当妈妈说出"你生个女儿养大了也是白养"这句话时，我是多么的痛彻心扉。这话就像一句咒语，预言着我和我未来的孩子，也将重复着类似妈妈和我这样的悲剧。我多么害怕，有一天，我的孩子像年幼的我一样，攥着小拳头，瞪着小眼睛，怨毒地看着我说："你既然这么不喜欢我，为什么要把我生下来！"

直到生了瓜瓜后，我和妈妈的关系才得到了前所未有的缓解。我们还是会吵，一点点小事就吵得天翻地覆。可是我渐渐学会了体谅她。应该说，在此之前，我已经理解了她以前种种我觉得不可理喻的行为，可是说到真正的谅解，还是在我生了孩子之后。

有句话说，养儿才知父母恩，我的理解是，当你知道当一个合格的母亲是多么困难时，才会体谅你妈妈的种种不完美。我妈生我的时候，还只有二十三岁，而我生瓜瓜时，已经三十岁了，三十岁的我初为人母时都不知所措，何况更年轻时就做了母亲的妈妈呢？

妈妈常常跟我念叨说，我和我弟都是她一手带大的，奶奶基本不管，生弟弟的时候，爸爸在外面打牌通宵未归。以前我觉得她未免也太小肚鸡肠了，多大点事啊，一说说了几十年。生了孩子之后，我才能明白，当时的她是多么的脆弱无助。

时光如梭，转眼间我也成了当妈的人。我们这一代和上一代之间的育儿理念截然不同，最大的区别在于，我妈那代的人似乎都觉得当父母是一件不需要学习的事，他们觉得为人父母，只要凭着"我这是为了你好"的出发点做事就不会错，至于教育的方式和手段，他们是不屑学习的。而我们这一代人，已经在有意识地反省上一代的教育理念，我们不再觉得，只要打着"为了你好"的名号，就能理直气壮地打孩子骂孩子。上一代人，囿于生活条件，还停留在把孩子养大的阶段；到了我们这一代，更多的是想着如何让孩子更加快乐地、健康地成长。

二十三岁的妈妈，理直气壮地生下了我，理直气壮地以她的方式养大了我；三十岁的我，诚惶诚恐地生下了儿子，为人母后，更是诚惶诚恐，不知道如何做才能成为一个合格的母亲。

在生孩子之前，我一直在思考一个问题：你确定要把这个孩子带到这个世界上来吗？像我这样神经质、自私自利、活得非主流而且生存能力低下的人，真的有资格做母亲吗？

瓜瓜，我的孩子，很抱歉，真的很抱歉，在还没有考虑清楚的时候，我就急匆匆地把你生了下来。我不确定，当你长大成人后，你会不会后悔成为我的孩子。我一遍遍告诫自己，不要重复我妈的前车之鉴，可是自从去年8月份匆促上岗后，我发现我这个新妈妈有着太多的缺陷。

和其他的妈妈相比，我显得那样无知和粗心。上次带你去菲菲阿姨家，发现她光奶瓶就买了十几个，每次喂奶前都要精心消毒。比较起来，你就只有两个奶瓶，一个用来喝水，一个用来吃奶，我安慰自己说，男孩子就该粗生粗养，实际上，这不过是为我自己的疏忽大意找借口罢了。

由于不具备护理常识，你才五个多月，就已经饱受小儿湿疹的折磨。晚上睡觉时你的头总是左右摇晃，后来问医生才知道，多半是痒的。湿疹反复发作，严重时四肢和身体上都长满了红斑，就是这样，我也坚持没带你去看医生，怕治疗过度是一个原因，也许最根本的原因是，我怕麻烦，我讳疾忌医。朋友说我是史上最淡定的妈妈，其实我哪里淡定了，我只是懒得出奇外加粗心大意。

更沮丧的是，我似乎继承了妈妈的火爆和粗鲁。你四个多月的时候，整天哭闹，有一次，我和你爸爸吵架，心情差到了极点，这时候你又在那不停地哭，我忍不住对你厉声大吼："哭哭哭，就知道哭，再哭就把你扔到你奶奶家去！"发完火后，我自己都惊呆了，那一瞬间，莫非是我妈附了体？想当年，我小的时候，妈妈不就是这样对着我大吼大叫的吗，我怎么又这样对待你了呢？我知道，我之所以发火，不是因为你哭闹，而是把对生活的不满转嫁到你身上了。天啦，我究竟干了什么？

我喜欢的作家陈蔚文在她的新书《叠印》中说：天下再没比父母更顺理成章也更如履薄冰的职业，无须执业资格证，免检，终身制。但并不因如此，这职业就是轻快的，无须技术含量。相反，它意味神圣之责与终身学习。

不管怎样，我诚惶诚恐地走上了这条为人母的道路，已经不可能再把你塞回我的肚子里。既然如此，我只好尽自己的力量，从零开始，去学习怎样做一个母亲。亲爱的瓜瓜，请原谅我的狼狈，在做母亲这件事上，你妈妈我还是个新手，请给我时间，学着如何和你一起成长。

等你稍微大一点，妈妈会带你去看《麦兜响当当》，里面有只叫麦太的母猪说："妈妈在外面其实也不是一头成功的母猪，我每天四处奔波，从早到晚，回到家，最开心的就是能做一顿好吃的，看着你吃的样子。这个是我能够给你的，最简单、最基本的幸福。"

麦太说，她在外面也不是头成功的母猪，可是妈妈觉得，她在家里是个成功的母亲。瓜瓜，妈妈在外面也不是个什么成功的人，妈妈只想把我觉得最美好的东西一点点地教给你，人生的路还很长，我们都给彼此多一点点耐心好不好？

你终会选择深爱自己的人

我曾经在豆瓣上写过一篇名叫《只是当时已惘然》的日志，追忆多年前的一段往事。没想到推荐点赞的人还蛮多的，在众多留言中，有一个不认识的豆友留言最打动我心。

她说：少年情事老来悲啊。

这是姜白石怀念年少情人的词，短短七个字，无限凄凉，尽在其中。

其实我还远远没有活到姜白石那个年龄，可现代人的生活密度比古代人大得多，才三十来岁，就好像尝尽了人生的百般滋味，回首年轻时的荒唐和热血，确实有恍若隔世的感觉。看着这位豆友的留言，有些好笑，更多的是心酸。

为什么会说这些，因为最近，我又见到了他。

那是上周五，我正写稿写得晕头转向，手机响了，是我一个女性朋友。

我接了电话，那头却传来一个男人的声音：我是×××，你怎么不过来吃饭啊？

其实他完全没必要自报家门，因为他一开口，我就听出了他的扬州口音。

放下电话，我随便披了件衣服，直奔他说的酒店。

进去后已经来了一大桌子人，都是相熟的领导和同事，见我进来，他站了起来，我走了过去。有同事打趣说这么久不见拥抱一下吧，我们都笑了笑，平平淡淡地握了个手。

在这握手的过程中，我假装不经意地抬起头来，默默打量了一下他。他看起来和以前没多大变化，还是留着小平头，很精神的样子，只是笑起来眼角边的细纹更深了。岁月总会留下它的痕迹，我在悚然一惊的同时，忽然领悟到，想必站在他面前的我，容颜的变迁亦同样令他心惊吧。

我曾经设想过我们重逢的场景，想得最多的，是我到他所在的南疆，在漫天黄沙和满天星斗下相遇。也许说说往事，也许什么都不说，有了风情异域做背景，怎么样的画面都是美的。

结果却是，我和他重逢在最平常不过的饭局，分坐在圆桌的两端，中间隔着一桌子的同事。

我也设想过我们再相见会说些什么，这把年纪再谈爱情肯定是不合适的。但我也没想到，我们刚见面就聊得热火朝天。饭局上我们没怎么交谈，礼貌性地碰了下杯，互相加了下微信。期间他还拿出手机，高高兴兴地给大家看里面他儿子的照片。

吃完饭后，本来应该就散了的，走到门口，我停下来问他：好久不见了，要不要找个地方坐坐？说这话的时候我都听见自己"咚咚咚"的心跳声了，忍了这么久，还是没忍住啊。

他很爽快地回答说：好啊。

如果你认为这将成为一个春风沉醉的夜晚，那么你就错了。因为站在我们旁边的两位女同事马上表示，好呀好呀，我们一起吧。我倒是暗暗松了一口气，不然只有我和他两个人，难免有些尴尬。

我想他可能也是这样想的。

对于我们这段陈年往事，同事们都是不知情的。

那时候，他是挑大梁的新闻骨干，我是门都摸不到的菜鸟实习生。了解的，顶多以为我只不过就是他带过的实习生而已。

殊不知，只要老师不是太胖太老，实习生不是太土太丑，极有可能会擦出火花，这几乎能成为实习生定律了。

关于这段故事，之前追述过了，这里不再赘述。简单来说，就是我们一度走得很近，他向我表白过，我拒绝了，后来他远走新疆，在那里娶妻生子，老婆是个有着大长腿的美妞，儿子长得和他一模一样。你看，多复杂的故事，其实都可以用两三句话介绍完。

那天晚上，我们在酒店撤了之后，转战同事开的一间小小咖啡馆。

没有领导在席，大家聊得尽兴多了。

先是哀叹了一番纸媒的衰退，用咖啡馆老板娘（也是我同事）的话来说，现在纸媒只养三类人，一是名人，二是兼职，三是闲人。在座的各位，有开连锁咖啡馆的，有在私塾教国学的，有自己写东西的，都还在报社混着，权当兼职，一旦混成名人，马上转身走人。

他感叹说以前不是这样的。

以前当然不是这样的。我们差不多都是同时进入到这家报社的，那是纸媒回光返照的时期，做新闻行业的既有面子，又能拿高薪。可现在呢，大家对那点浑然不动的薪水都懒得吐槽了。

他在新疆，形势比沿海要好些，在那里混得很不错，策划了一些大的项目，也挣了不少外快。

说这些时，他看上去志得意满，和七年前教训我稿子写得不好的神情没有什么两样。

然后我们聊到了创业和转型。

他无意中说起，可能会考虑移民，目的地是加拿大。他说新疆还是太乱了，这么些年也挺累的，去加拿大图一个清闲自在。

直到这时，他的脸上才露出一丝疲惫。他试图在我们面前营造的光鲜体面的新生活，终于露出了一丝破绽。

他不知道，和他的志得意满相比，这种疲惫更打动我。当一个男人在你面前显露破绽的时候，往往才是你心动的开始。

那天晚上我们一直聊到深夜十二点多才散，什么都聊，只是关于爱情只字不提。毕竟，大家都是成熟克制的中年人了，无趣，但足够理性。

咖啡馆打烊后，我们各自上了车，然后挥手潇洒地说Byebye。

上了车很久我还在恍惚，莫非以前的那些事，纯粹是出自我的幻想？他看上去好像什么都没发生过一样。

真的是这个男人，和我曾经在满城桂花香中一直走一直走，走到我腿都快断了？真的是这个男人，对我说过"在这一分钟，我想和你生活在一起，永远"这样文艺的情话吗？

他这个晚上表现出的淡定和疏离，几乎要让我怀疑这一切了。

回到家刚冲完凉，手机显示有一条微信。他发过来的。

和我一样，他终究也是没忍住。

也许人在深夜格外脆弱，我们不再客套，也不再伪装很好很强大，而是开始问出那些一直想问但从来没问的问题。

他说：其实一点儿也不喜欢新疆。有时候忍不住想，如果当时和我在一起，就可以留在这里，不用去感受那种动荡的生活了。

我说：直到你走了之后，我才发现其实还是有点喜欢你的。

他问：只是一点点吗？

我说：你当时也没坚持。

他说：我这么敏感，遇到一点阻力就会退缩，没办法坚持。

我打出一个笑脸说：最主要是她（指他后来的妻子）出现了。

他倒是蛮坦荡地承认说：是的。

他妻子我听同事说过，长得蛮漂亮，她们去新疆旅游，招待得也很周到，看来是爱屋及乌。

我问出了一个久藏于心的问题：我很想知道，当时，我和她到底谁才是备胎。

他说：其实我和她交往得比较晚。不过确定关系比较早，你那时对我太冷淡了。

我反问他：她很热情吗？

他说：我和她有过热烈的蜜月。算是比较隐讳地回答了我的问题。

他对我的评价是：你最爱的是你自己。

我说：你也一样。

他表示：我们的确挺像的。

是啊，我们都一样，自私又怯懦。这样的人，是很难奋不顾身爱上谁的。唯一的可能，除非是对方先奋不顾身地爱上自己，才会回报以同样的热情。

所以到最后，我们都选择了深爱自己的那个人。

我对他，不是不心动的，但也仅仅只是心动而已。我估计他对我也一样。七年以前，我们不肯为了对方全心付出，七年之后，我们同样不会为了对方做出什么越轨的事。我们的错误在于，总是想为一段感情画一个句号，哪怕那个句号并不完美。

聊到最后，他说：一定要找个机会来新疆玩啊。

我说：一定。（去旅游是一定会去的，但也仅此而已，和重逢什么的没有关系了。）

窗外已经能听见鸡鸣声，手机上的时间显示是凌晨两点。我们互相说再见，他没忘了提醒我删除聊天记录。

我想，这次我们是真的正式再见了。

我只怕配不上自己的年龄

最近几年，我形成了每次过生日就来回顾一下当年经历的习惯，总会照例胡乱写几句。

在过去的两个月里，我无意中到豆瓣写日记，没想到居然还有人看。欣喜之余，忍不住多写了几篇，俗话说言多必失，有人看得很不爽，表示我写的文字污了他的眼目。前几天，甚至有人给我留言说："你一个中年大妈学小年轻一样整天在豆瓣上面发日记，就不感到害臊吗？"

我向来是个没涵养的人，看到这样的留言真是有点怒从胆边生。照这位姑娘的意思，中年大妈就该待在家里哪儿都别去，否则就有丢人现眼的可能。可能她还小，自以为能够芳龄永继，对于她来说，女人活到三十岁就已经是人生极限了，还要出门嚷嚷的话最好拉去人道毁灭。

社会上对三十多岁的女人抱有同类观点的还真不少。

曾经有个好友约我一起去逛内衣店，正好我身边带了个实习生小姑娘，她见我们在讨论哪种内衣更有诱惑力时，突然眨巴着大眼睛问："过了三十岁，老公还会碰你们吗？"望着小姑娘懵懂的大眼睛，我和好友哭笑不得。可能在很多人的眼中，女人过了三十岁干巴得连性生活也没了，反正生儿育女的任务已经完成了。

我以为社会风气经过这么多年的变革，早就日新月异了，没想到还是有那么多人抱着"男人三十一枝花，女人三十豆腐渣"的陈腐观念，其中不乏年轻小姑娘，自恃青春美貌，认为自己与三十岁以后的女人根本不是同一种生物，提起对方来一律贬称为"大妈"或者"欧巴桑"。

我真不知道她们的优越感从何而来。姑娘啊，如果这种思想是某个自称婚姻不幸的大叔告诉你的，你让他离婚了再来找你试试看，保证他已溜之大吉了；如果你说这就是社会的主流价值观，我只能说，姑娘你Out了，你以为你还生活在古老的宋朝吗？就算是在宋朝，李瓶儿、孟玉楼这些性感多金的寡妇们在婚恋市场上可比小姑娘们抢手得多。再往前追溯一点儿，杨玉环死的时候已经三十六七了，唐明皇爱她的心一点儿都没有疲倦。

现代人的青春期比以前长得多，很多女人到了三十岁才开始真正的人生。小野洋子三十岁才碰到约翰列侬；罗琳三十岁才开始动手写《哈利波特》；《欲望都市》里的四个女主角个个都是30岁以上的大龄女子，她们不仅拥有丰富多彩的精神生活和物质生活，而且拥有波澜壮阔的性生活；电视剧《咱们结婚吧》，高圆圆饰演的杨桃也已经年过三十，照旧水灵饱满得人见人爱。

我知道人们肯定不会把上述的这些女人称为"欧巴桑"，因为她们有名气有钱，而且大多长得好。大多数年过三十的平凡女人籍籍无名，钱也不多，相貌平平，那么她们的人生是否就灰暗无聊就不值一过呢？

我以我有限的人生经验担保，绝对不是这样的。就我个人而言，对已经过去的青春岁月并没有太多留恋，我属于那种开窍晚的人，当很多人一早就确立了人生目标的时候，我却在懵懵懂懂地随波逐流，**青春对于我来说，就是一段肉体上流光溢彩但是精神上苍白空虚的岁月。相信很多人都和我有过类似的感受，当我们回顾自己的青春岁月时，都不禁为那时的矫情、浮躁和虚度光阴而羞愧。**

有一次，我和我的朋友们曾做过这样一个心理测试，如果让你选择最想停留在人生的哪个阶段，你会如何选择？可能是人以类聚，我们都不约而同地选择了留在目前的阶段，没有人表示愿意回到十几二十岁的青春年华里。一个朋友说："回到二十几岁？别傻了，那时候除了年轻点儿还有什么？我可不想再要那种一穷二白的青春。"

是的，对于绝大多数没有背景也没有好爹的人来说，青春基本上就是一穷二白的。那时候的我们可能刚刚毕业，住在和人合租的小房子里，在单位里连口大气都不敢出，见人就喊"大哥大姐"，想起未来时满心都是惶恐，偶尔有个大叔示好，差点儿就成了人家的"小三"。

最关键的是，我们那时候对于想要成为什么样的人并没有确定的想法，或者说即使有那个想法，也没有相匹配的能力。对于白手起家的年轻人来说，首要问题是生存下去，不管有多难都挣扎着活下去，然后才有资格考虑活得怎么样的问题。也许人在青春时注定受煎熬，可我们已经熬过来了，就再也不想回到那段难熬的岁月里去。

我和我的朋友们大多已年过三十，走在奔四的路上，对于我们来说，现在就是我们的黄金时代。我们中有的好不容易离了婚，有的终于结了婚，有的已经决定终身不婚，更多的是早已结婚生子。相同的是，我们对已有的生活状态都还算满意，对未来也不再有那么多不切实际的期待。

古人说三十而立，并不仅仅指的是男人，一个女人往往也要等到过了三十后，才会真正地"立"起来。物质上，三十多岁可能已经有了自己的房子车子；工作上，也基本站稳了脚跟，事业蒸蒸日上，不用再为生存而焦虑；精神上，人过三十之后，会越来越清楚自己想要的是什么，不想要的是什么。我的一个姐姐说，三十岁之前人在不停地做加法，追求这个追求那个，过了三十之后则开始学着做减法，专注于做自己真正擅长和喜欢的事。

三十岁的女人，已经不算很年轻了，但还没有老，更加没有死。你们以为女人过了三十就完了？还早着呢！

当然也有遗憾，那就是随着胶原蛋白的流失，我们一天天在变老。这是没有法子的事。所以当单位来了实习生时，姐姐们都会赞美说："年轻真好！青春真好！脸上抹点大宝就油光水滑了。"可是你要姐姐们真的和小姑娘互换，打死她们都不会干的，至少，她们再也不愿意回到二十来岁时的惶然时光中去了。

青春确实很好，那时候我们即使什么都没有，至少还有满腔热血和满怀梦想。可是姑娘们，真的不用那么畏惧变老，每个年龄段都有它独特的美好之处，随着年龄日长，你没那么年轻没那么漂亮了，可是你会发现，自己没那么焦躁了，没那么惶恐了，当年在乎过的、焦虑过的，后来逐渐变得不值一提。

我现在还常常会为一些小事而焦虑，一位姓张的大姐对我说："不用急，等你过了四十岁就好了。"张姐刚满四十岁，她说自己年少时比较晚熟，大学毕业后一直待在某个小镇上混，直到年近三十的某天，忽然萌发了出去闯闯的勇气，于是毅然放弃体制内的工作，开始出来创业。和体制内的清闲生活相比，她过得很辛苦，但是也乐在其中，而且重拾起抛下多年的笔，开始写写东西。前几年刚出了本散文集。显然，她很适应体制外的生活，回顾自己的前半生，她说："感觉以前都像白活了。还好，我现在终于知道自己最想要的生活状态是什么，那就是自由，无拘无束的感觉真好。"听她这样一说，我对自己即将到来的四十岁不禁多了几分期待。

姑娘们，既然变老难以避免，但是如果能够活得越来越像我爱的自己，那又有什么关系呢？我从来不讳言自己有多大了，我已经三十一岁了，那又怎么样，我只怕我配不上自己的年龄。

好朋友疏远了，你无可挽回

打开微信，一个读者给我留言，说她曾经最好的朋友已经整整四个月没有和她说过话了，她们以前好得经常睡一张床，彼此有心事了第一个和对方分享。后来她换了新工作，朋友仍在原单位，生活渐渐越来越少交集，从一开始每天不在微信上聊个几分钟就受不了，到现在看到对方的状态连赞也不想点了。

"我看了你那篇《那些对你连赞也不点的人》，心里很难过，我那个好朋友，已经很久没有给我点过赞了，我晒自拍，晒美食，晒旅行，她都视而不见。"她发来一串哭泣的表情，又说，"但我还是坚持给她点赞，毕竟我们曾经是那么好的朋友。"

看到这，我心里不禁叹了口气：傻姑娘，这种光凭点赞维持的友谊，又能够再持续多久呢？更何况还是单方面的点赞！

微信就是这点残酷，它会放大人和人之间的疏远，让你们的渐行渐远变得清晰可见。开始我们都兴致勃勃地在对方微信上留言，后来渐渐变成了点赞之交，后来又变成了赞也不点之交，后来干脆设置了不让对方看朋友圈，以免让自己失望。

有多少"好朋友"，最后消失在你的微信上。社交媒体的发明让你们之间的疏离变得无处遁形，你看着曾经的朋友和其他人谈笑风生，唯独绕过你的朋友圈从不点评，于是再也无法装作什么都没有发生。

有人说得好，微博是一群不认识的人互相关注，聊着聊着成了好朋友；微信却是一群认识的人聚在一起，慢慢发现对方其实是个陌生人。

多么痛的领悟。

这是一个特别容易走散的年代，有多少朋友，走着走着就散了。

有两种走散，一种是空间上的走散。这种是最常见的，你去了一个新学校，到了一个新城市，换了一个新工作，就会不可避免地失去一些老朋友。

我以前在老家时，有一批刎颈之交，用我一个长辈的话来说，你们这些小姐妹啊，都是喝了血酒的。那时候我们几乎天天都腻在一起，一起吃饭，一起去玩，晚上也要挤在一张床上，不知道怎么会有那么多话说，怎么说也说不腻。

后来我到了中山，和这些姐妹们不可避免地疏远了很多。毕竟，生活圈子已经完全不一样了，共同语言也没有以前那么多了。

另一种是心灵上的走散。

你们明明还是在同一个城市，同一个地方，可对事情的看法不一样，爱好不一样，做出的选择也不一样，彼此间渐渐有了隔膜，慢慢那隔膜变成了一条河流，横在你们中间，汤汤流动。

这种比空间上的走散更让人难受，分隔两地的疏远是自然而然的，心灵上的疏远却是突然一下子切断的，前者是距离上的原因，后者却是即使我站在你的面前，也不知道该跟你说些什么了。

我曾经有一个特别特别好的朋友，好到可以向彼此说最深藏的秘密，好到觉得人生有了这样的知己已经足矣。就是因为她对我太好了，以至于我有些放肆，等察觉到裂痕时，已经变得不可挽回。

年少时崇尚朋友一生一起走，可那么多说好了要一辈子做朋友的人，最后还是落得形同陌路，就像歌里所唱的那样，"为何旧知己在最后变不到老友"。

最难受的是至交之后的冷漠，听陈奕迅唱"来年陌生的，是昨日最亲的某某"，总会让人想哭。

这种心痛，我有过，想必你也不陌生。老实说，对于我这个年纪的人来说，每失去一个真正意义上的好朋友，就像剜肉割骨一样痛，你知道生命中的一部分永远失去了，可只能眼睁睁地看着她离开连泪也不曾流。

难怪古人上了年纪后都会感叹：故人好比园中树，一日秋风一日疏。

当好朋友变得生疏时，到底该不该挽回？这是文章开头那个读者问我的问题，也是我一直纠结的问题。

思考了这么久，我终于可以告诉她答案：还是不要了吧。

所谓朋友，就是我们所说的同路人，可能很多人结伴走着走着，就会发现身边的人并不是同类。很多时候，你失去了一个朋友，是因为你们本来就不是一路人，只是误以为是一路人，你们的三观、选择完全不一样。本来是相伴同行的，后来走上了截然不同的道路，分道扬镳是在所难免的。

友谊这种事，和爱情一样是需要对等的，任何单方面的付出都难以长久。一段友谊破裂后，如果你是想挽回的那个人，就说明你恰好是被抛弃的那个人，当对方疏远你的时候，就是她决定离开你的时候，这时如果你还一味苦苦挽留，只会让对方反感。

你永远都无法挽回一个已经不喜欢你、不认同你的人，爱情如是，友谊也如是。珍惜得是双方面的，认同也得是双方面的。所有苟延残喘的友谊，最后都难以维系。

所以还是亲疏随缘，来去由人吧。

如果你们彼此间还有情意，那么等到再相遇时，会自然而然地又走在一起，就像我和我老家的小姐妹们，在经过若干年的分离后，再聚首仍然倍感亲切，又重拾了往日的友情。

也许你会说："可我还是舍不得啊。"

那就试图去挽回一次吧，一次就好。过多地纠缠，换来的往往是自取其辱。

坦白告诉你吧，高冷如我，也干过这种试图挽回的事，结果就像我预料的一样，只不过是自取其辱。

我希望你能比我幸运。

关于感情，有篇文章说得很好，"很高兴你能来，也不遗憾你离开"，我没有这么洒脱，可尽管我心中遗憾得要死，也不愿意再伸手去挽回。

很多人不肯斩断这种貌合神离的友谊，就是为了营造出我们仍然是好朋友的假象，不想落得没朋友的局面。还是余华最洒脱，他说："我不再装模作样地拥有很多友人，而是回到了孤单之中，以真正的我开始了独自的生活。有时我也会因为寂寞而难以忍受空虚的折磨，但我宁愿以这样的方式来维护自己的自尊，也不愿以耻辱为代价去换取那种表面的朋友。"

如果好朋友执意要离开你，那就目送她离开吧，对于这段友谊，你唯一能做的，就是不做无谓的解释，不做无用的挽留。

君子绝交，不出恶言。相对无言，不如相忘于江湖。

感谢你曾经陪我走过一程，不打扰是我给你最后的温柔。

不要把自己一直困在过去

我写了篇《那些被轻视与被损害的中国式女儿》，不少女孩给我留言，控诉她们生活在一个多么糟糕的原生家庭里。现在我就来心平气和地谈谈原生家庭吧。

原生家庭对一个人的影响大不大？

我的回答是：很大，但并不是起决定性作用的。

那么起决定性作用的是什么呢？

是我们自己啊。

说起一个人的成长，人们总是会谈到很多因素，就我所知的，就有原生家庭决定论、童年决定论、教育决定论、环境决定论等等。这些理论都有合理之处，却唯独忘了至关重要的一个因素，那就是处于环境中的这个人。

原生家庭是近几年才大热的一个词，自从有了这个词语后，很多人恍然大悟，把自己的一切不幸都归咎于原生家庭：

婚姻不幸，就是因为父母离婚造成了不良影响；

缺乏安全感，就是因为小时候妈妈照料不周；

老是失业，就是因为父亲树立了一个坏榜样；

人际关系恶劣，就是因为童年时得到的关爱太少。

这样的联系有道理吗？有！但是没有意义，至少意义不大。

让原生家庭为自己的失败人生买单，除了给自己带来些许安慰外，对你的实际人生并无积极影响。反思童年创伤，是为了避免给下一代造成类似的伤害，并不是让你一直待在童年的伤口里，顾影自怜，泪水涟涟。

我们都是成年人了，我们要有自我治愈的勇气和能力。当你还想抱怨原生家庭时，请记住，你已经是个大人了，你完全可以不必把自己困在童年阴影里。

意识到原生家庭给自己带来一些不好的影响后，很多人喜欢用"逃离"这个词语。所以豆瓣上才会有"父母皆祸害"的小组，他们将父母视作仇寇，发誓要离父母远远的，绝不成为父母那样的人。

坦白说，我曾经也是奉行"父母皆祸害"理念的一员。我有一个不大愉快的童年，和很多人一样，我把那归咎到母亲头上，结果我和妈妈的关系一度非常紧张。

事实上，我的父母远远没有达到"祸害"的地步，我相信除了那些给子女造成巨大创伤的父母外，一般的父母都称不上是"祸害"，他们只是没那么完美而已。

所以我不大赞成逃离原生家庭，逃离太难了，决绝如张爱玲，晚年也深悔自己对母亲太过绝情。人从本质上是渴望爱的，这一点决定了大多数人可能很难实现真正的逃离。

既然逃离不了，就试着和原生家庭握手言和吧。

我们之所以对原生家庭失望，可能是因为我们渴望有一个理想的家庭，有一对完美的父母。所以首先要放弃的，就是对完美的执念。承认父母就是和我们差不多的普通人，你会惊奇地发现，他们是有许多缺点，可同时也有许多优点。我自己就是在三十岁以后才重新发现父母身上的一些优点的，从那以后我们的关系好了很多。

为人子女容易犯的一个错误就是，夸大父母身上的某个缺点，进而将父母看得一无是处。我写了《中国式女儿》那篇文章后，有姑娘就给我留言说，意识到父母重男轻女后，伤透了心，要和父母决裂。

我可以理解她的心情，但我并不赞成她这样做。一代人有一代人的局限，重男轻女就是很多父母身上所有的局限，我们自己要突破这种局限，并不是要和他们决裂。重男轻女是个缺点，不代表你父母身上没有其他的优点，若真的十恶不赦的话，你也不至于难以割舍。

那是否就意味着不要抗争了呢？就我的经验来看，抗争顶多能让对方明白你的观念，却无法让他们接受你的观念。别对改变父母寄予太大希望，事实上你很难改变，你要做的，是不抱不切实际的期望，不做过多的情感索取，也不受他们爱的绑架，该付出付出，该拒绝拒绝，这样你和父母相处起来，才会更加的心平气和。

只有放弃了对完美家庭的执念，你才会发现，原来自己的原生家庭还是给予了我们很多养分的，可我们的关注点往往都放在了不足上。

和解只是第一步，第二步要做的是摆脱原生家庭的不良影响。我个人觉得，完全摆脱近于痴人说梦，那些有着童年创伤的人，终其一生要学会的都是如何带着伤口前行。

如果你默认原生家庭是什么样子，你就是什么样子，那么生于泥潭中的人只有一辈子待在泥潭里了。总有一些人，能够从泥潭里爬出来，而另一些更牛的人，不仅能爬出来，还能一飞冲天。

从来就没有完美的家，家会给我们温暖和力量，同时也会给我们创伤和禁锢。对于真正牛的人来说，原生家庭给予了他们创伤，他们就会把创伤化为力量，原生家庭给予了他们黑暗，他们就能从黑暗中孕育光明。

脱口秀女王奥普拉就是这样一个人，整个青少年时期都极其不幸。她出生在一个单亲家庭，童年生活极为困顿，9岁被表哥性侵，从那以后连续几年不断遭受性骚扰，14岁跟男友生下一个孩子，对方不闻不问，孩子生下没多久就夭折了。

大多数觉得自己童年备受创伤的人，和奥普拉一比，可能要庆幸自己生活在天堂了。

可即使有过这样的经历，奥普拉还是一步步从黑暗走向光明，最终成为影响全美的脱口秀女王。她能够做到，为什么你就不能试着这样做呢？

换个角度来看，不愉快的童年经历尽管会给我们带来伤害，人在成年后却往往能从中汲取力量。

有人曾经问海明威：作家最好的早期训练是什么？海明威毫不犹豫地回答说：不愉快的童年。

很多作家的经历确实佐证了海明威这个论断。在民国女作家群体里，萧红、张爱玲可能是拥有最糟糕原生家庭的两个女人。萧红父亲对她冷漠苛待，张爱玲父母离异，有次被父亲关了起来，生病也不给治差点死掉，结果偏偏她们是民国写得最好的两个女作家。

可能你会说她们生活不幸，可我觉得，对于一个写作者来说，能够写出不朽的作品来，已经是最大的幸运了，其他的不幸与此相比都没那么重要，甚至只是她们为了写作甘于付出的代价。她们这一辈子是够苦的，可敬的是，她们一丁点都没有浪费自己的苦难，全部转化为了足以传世的作品。

孤独的童年，无爱的家庭，对于很多人是一种毁灭性的灾难，她们却拿起手中的笔，将此化成了创作的源泉和营养。

你可能没有写作的才华，但你同样可以将伤痛化为前行的力量。穷过的人，才知道居安思危，被轻视过的人，更能够自强不息。曾经遭遇过的伤害，我们要尽力避免，曾经遭遇过的不公，我们要让它不再重演。

那些揪住原生家庭不放的人，看起来已经长大了，内心却还住着一个无助怯懦的孩子。

你在童年时那么弱小无助都熬过来了，没理由现在已经长大了，反而要一直生活在过去的阴影中久久无法自拔。

我始终觉得，原生家庭的影响是巨大的，但人的意志力具有更强大的作用，对于具有超强意志力的人来说，做主的是人，不是命，也不是环境。这方面我是尼采的信徒，尼采推崇超人，也就是具有强力意志的人，这样的人能摆脱环境的影响，在人生痛苦中超越出来。

我们中国有句话说得更好：天行健，君子以自强不息。

这也是我的座右铭。

我始终相信，再糟糕的原生家庭、再差的环境也困不住一个自强不息的人，他会披荆斩棘，不停成长，他可能会失败，却绝对不会被打倒。更何况，我们大多数人的原生家庭还没那么糟。

拥有一颗勇敢的心，才能不断突破禁锢。

还是尼采说得好：那些杀不死你的事物，必将使你更强大。

致敬教我做人的父母

我家是那种典型的单职工家庭，在农村叫作"半边户"。爸爸是个小学老师，后来做了校长，妈妈在家忙活。他们经常周一到周五住学校，周末回到家挽起袖子就下田干活。

按说这种家庭应该也不至于太穷，但不知道为什么，我们家是很穷的，比很多父母都是农民的还穷，尤其是在小的时候。可能是爷爷去世太早，妈妈嫁过来时，家里太过一穷二白，以至于经常要去外婆家拿油拿米。

我幼时印象最深的一件事，就是去外婆家总会提个空篮子，回来的时候篮子总是装得满满的。读小学时我还穿过打补丁的裤子，有次很馋小卖部的话梅，要三毛钱，我拼命攒啊攒，攒了一堆分币，兴冲冲地跑进小卖部去一数，还差两分，老板娘可能见我可怜，说两分钱就算了。

家里穷成这样，自然是没办法在物质上富养孩子了，实际上连精心的养育都很难做到，毕竟有那么多农活要忙。

但我还是特别感谢爸爸妈妈，用他们的一言一行，教给了我三件事。这是他们给我的最珍贵的三件礼物。

父母教给我的第一件事是，人应该多读书。

我相信百分之九十的父母都会向子女灌输这个道理，但他们通常只是说说，你让他们自己看书，他们多半宁愿去挑煤炭。

我妈妈是很爱看书的，什么书都爱看，小说、杂志，菜谱都看得津津有味。到了现在这个年纪，每晚睡觉前还是会看一会儿书。小时候书籍匮乏，可我家里总还是找得到几本书，比如小小说、微型小说选刊之类，还有些残缺不全的三毛琼瑶。

妈妈记忆力特别好，看了书后会给我们讲故事，她讲故事的水平一流，那叫一个绘声绘色啊。我还记得《连城诀》的故事最初就是她说给我听的，听到凌霜华被父亲活埋那一幕，我汗毛都竖了起来。

所以从很小的时候，我就爱看书，看了后再注入自己的瞎编乱造，说给弟弟听，他最喜欢听的就是卫斯理系列，我们都想去探索宇宙。

爸爸没那么爱看书，但他会从微薄的工资里，挤出钱来为我订阅杂志。我每年都会订《少年文艺》，有时候还会订《科幻世界》《儿童文学》，在精神匮乏的年代，是这些杂志为我打开了了解世界的一扇窗。

我还有个酷爱武侠小说的叔叔，总是有本事从外面借到书。感谢叔叔，让我这个小学生通读了金庸、古龙、梁羽生。

长大后，关于阅读，总是有人问我两个问题。

一、现代人这么忙，怎么才能够做到坚持阅读？

能问这个说明打小就不爱看书。对于热爱阅读的人来说，读书就像吃饭睡觉一样自然，你再怎么忙，总还是有时间吃饭睡觉吧？

二、在浩如烟海的书籍里，如何挑选适合自己的书？

我的观点是，培养孩子阅读的习惯，比为孩子开书目要重要得多，孩子爱读什么，就尽管让他读。大人同理。书看多了，你自然知道什么适合自己。

阅读这个习惯，真的越早形成越好。做父母的想要孩子爱读书，只需率先拿起一本书看就行了。

父母教给我的第二件事是，人应该不断学习。

这个学习，不是指在学校里埋头苦读，而是指一个人善于接受新鲜事物、善于不断成长的能力。

我妈就是这种学习能力特别强的人。举个简单的例子，她一个湖南人，到了广东后马上摸清了当地各种食材的做法。她在饭店吃了次秋葵，立马就买了种子回去，现在我家的菜园里，秋葵长得郁郁菁菁，方圆数里的人都没见过这种蔬菜，纷纷过来瞻仰。

托我妈的福，我们家的饭桌上，不时会冒出些新鲜的菜式，她在亲友家吃到什么好吃的菜，总是会问了做法回来炮制一番。有这样的妈妈，我从小吃什么都不挑，遇到从没吃过的东西总是跃跃欲试。

汪曾祺说，一个人的口味要宽一点、杂一点，"南甜北咸东辣西酸"，都去尝尝。对食物如此，对文化也应该这样。

感谢我妈，培养了我兼容并包的好胃口。

我们家是村子里为数不多的率先装宽带的，我爸和我妈都很早就学会了用智能手机，我爸最喜欢发各种养生知识给我，我妈最近爱干的事是在各个群里发我的公号文章。我爸退休后，很想找回事业的第二春，正在谋划着要和人去成都包食堂。我虽然觉得他年纪大了，大可不必折腾，但对这种勇于尝试的精神还是挺佩服的。

在他们的世界里，好像从来都没有什么"这个很难，我学不会"的概念，他们碰到一件事，只要觉得有意思，就会兴致勃勃地去尝试。他们这种精气神，有时连我都自愧不如。

有个叫姜淑梅的老奶奶，60岁学写字，76岁出书，我觉得我妈可以以她为榜样，她的说故事能力实在我之上，我都能出书，她肯定没问题，以后一定督促她写起来。

勇于尝试新事物的精神，是他们送给我的第二样礼物。

父母教给我的第三件事是，人应该与人为善。

我爸爸是那种朋友特别多的人，男女老少都和他合得来。对这一点我是很羡慕的，曾经虚心向他请教其中诀窍。

爸爸想了想，告诉我说：要想朋友多，无非是肯吃亏，对人好。

上次在老家时，我们正在吃饭，一个邻居捂着流血的手指头跑进来，讨要一张创可贴。我爸忙上楼去拿。不一会儿，拿了两张创可贴出来，其中一张马上给邻居包扎好手指，另一张让她拿回去替换。

第二天他自己手指干活时不小心割伤了，却没办法包扎，因为仅有的两张创可贴昨晚已都给邻居了。

从这件小事上，我不禁深深觉得老爸做人方面真是胜我多矣，如果是我的话，可能只会给一张创可贴，不会想到要多给一张让人家替换。

还有一次，我妈去一个婶婶家借东西，结果东西没借到，反被看门的狗咬了一口。她第一反应是不要声张，自己跑到镇上去打狂犬疫苗。后来那个婶婶知道这回事了，上门来给她打疫苗的钱，我妈非不要，理由是那家人很节约，她不忍心让人家破费。

在为人处世方面，父母实在远远强过我们姐弟。与人为善一次是容易的，坚持一辈子则是很难的。我还需继续向他们看齐。

写这篇文章，是看到网络上有极端主义者认为，穷人就不要结婚不要生孩子了。

按这种理论，穷人最好都直接拉去浸猪笼。说这些话的人也不想想，往前三代大家基本都是赤贫，要都不生娃的话，现在还有你吗？

物质上的贫乏确实是种缺陷，但良好的教养有时和物质没多大关系。一对父母是否能够把孩子培养成才，很多时候并不取决于物质，而是取决于爱与观念。

所以说，真正的教育拼的就是爹，不是钱。对孩子来说，身教远远胜过言传。与其疯狂追逐学区房，不如把自己打造成孩子的好榜样。

我的父母可能也没想到，他们平常向我灌输的一万句教育圣经我都没听进去，反而是他们生活上的言行举止，给了我莫大的影响。

他们虽然没什么钱，却教给了我阅读的习惯，开放的心胸，以及与人为善的信念。他们当然不是完美的父母，有着大大小小的缺点，所幸他们送给我的这三件礼物，已足够让我受益终生。

我曾经也对父母有过诸多不满，近年来才重新发现了他们身上的优点。如果能够完全学会他们教我的东西，按说我应该是个人格很完善的人。现在之所以还浑身毛病，多半还是自己学得不够好。

我现在也是做妈妈的人了，同样没什么钱，但我希望，能够把父母教给我的三件事，再教给我的孩子。若能够学会这三点，我想他将来至少会在精神上很富足。

你的善良不宜太廉价

本来不想追这个热点，但对于这类事，我一直如鲠在喉，以下属于不吐不快的一点想法。

还躺在重症监护室的罗一笑小朋友不知道，一夜之间，她的名字已经传遍了互联网。但凡没有屏蔽朋友圈的，想必很多人都转发过那篇《罗一笑，你给我站住》的文章。

文章是罗一笑小朋友的父亲罗尔写的，写得十分动情，说女儿进了ICU，一天要一两万，心急如焚，可又不想借助公益平台筹款，所以借微信公众号"卖文"救女。

具体的卖法是通过打赏和转发，两天里，罗尔每天能收到上限为五万的打赏，而那篇文章每被转发一次，一家叫小铜人的公司就会捐出一块钱给罗一笑，上限为五十万。

我当时抱着既可以做好事，又不要我掏钱的心理，随手点了转发。想必很多人跟我有一样的心理，所以那篇文章马上在朋友圈刷屏了。

谁知道到了第二天早上，事情马上反转了。先是有知情人曝光说，罗尔本人在深圳和东莞共有三套房，还有一家广告公司，根本就不差钱，却利用女儿的病来敛财和聚粉。

然后罗尔接受媒体采访澄清说，他实在没什么钱，也没有广告公司，有三套房却是真的，一套在深圳，两套在东莞。深圳的要自住，东莞的还没出房产证，总而言之，都卖不了。

这回群众可没有被他糊弄过去，直接就炸毛了，你说你东莞的房子不能卖，深圳的可以卖吧？好，就算深圳的房子要用来住，至少可以用来抵押吧？

今年深圳房价涨成这样，但凡关注房价的人一听就知道，在深圳有套房子是个什么概念。好了，昨晚大家还想着要帮助弱势群体，结果和被帮助的对象一比，合着自己才是经济上的弱势群体啊。

这才是群众愤怒的原因。他们不是心疼自己打赏的那点钱，而是气愤于自己原本想献点爱心，却被人当成二傻子给耍了。他们的爱心和财力都有限，只想花在真正需要帮助的人身上。

那么问题来了，罗尔一家，到底属于真正需要帮助的人吗？

事情闹到这个份上，还是有不少人替他说话，理由是不管怎么样，罗一笑确实是生病了啊，生病了就应该得到同情和帮助，不应该去考虑病人家属的经济情况。

说这话的人，不妨想想，如果是全国数一数二的富翁家有人病了，你会义不容辞地给他捐款吗？

罗尔也许在很多人眼里还不算富，但单以深圳那一套房来看，已经比我富得多了。作为一个有自知之明的人，我不会自不量力到想去帮助一个比我富得多的人。

还有人说，人家有三套房怎么了，难道家里人生病就一定得卖房卖车吗，难道不卖房就不能向大家求助吗？

当然可以啦，这是他们的自由。但在求人帮助之前，麻烦先公开下自己的财务状况，如果有些围观群众知道你有三套房但一套都舍不得卖，还愿意给你打钱的话，我只能由衷地对此类群众说一声敬仰。此等境界，不是我这样的俗人可以达到的。

罗一笑事件总让我想起当年的彭宇案，南京一个老太太摔倒在街头，彭宇自称上前扶了一把，结果老太太非说是他推倒的。

人倒了可以扶，人的心被伤了可没那么容易愈合。

你一定听说过"狼来了"的故事吧，罗一笑事件也同理。人心是经不起折腾的，上了几次当受了几次骗后，人们对网络上的慈善未免会充满警惕，热血热肠变成了冷淡冷漠，等到有人真正需要帮助时，反而没人理会了。

那些写不了煽情的文章，那些也许连轻松筹都不知道是什么却又遇到真正困难的人，才是此类事件的真正受害者。

轻松筹、微信筹款之类本来是个好东西，现在却有些人借此平台随随便便就发起求助，哪怕他轻易就能够承担起遇到的困难。我很喜欢作家斑马说的一句话：这些人需要众筹的不是钱，而是一张脸。

树要皮，人要脸，老一辈的人总喜欢说："不给别人添麻烦，不给社会添麻烦。"现在倒好了，有些人家里遇到了事，自己不尽力去解决，想到的第一件事就是如何求助，而且还求助得理直气壮。

我记得念小学的时候，班上有个女同学家里很穷，连作业本都经常买不起，老师号召全班同学给有需要的同学捐款，她也捐了五毛钱。老师告诉她，你不用捐了，这些钱就是捐给你的啊。这位女同学涨红了脸说："不用帮助我，还有很多比我更需要帮助的人。"

这句话我至今记忆犹新。这位女同学用行动告诉了我，一个人即使穷，也能够穷得体体面面。

奇怪的是，那些轻易向别人伸手的人，他们就没有想过，这个世界上，还有那么多更加需要帮助的人吗？

最后反省下，提醒下我自己，下次再遇到这种情况，一定要擦亮双眼，不要被廉价的善意冲昏了头脑，不要轻易转发未经核实的信息。要日行一善的话，以后还是从帮助身边的人做起吧。

我们活在世上，
无法选择自己的境遇，
甚至无法选择自己的工作，
但至少有一点是可以掌控的：
你可以选择做什么样的人。
一个从不苟且的人，
或许并不能取得世俗意义上的成功，
至少这辈子活得问心无愧。

一辈子 活得 问心无愧

如何走过年轻时的穷困

和朋友陈果聊天，说起人生中最难熬的时光，不约而同地认为刚步入社会那几年，一穷二白，特别潦倒。我记得我刚毕业那会儿，拎着一只箱子只身南下，满心都是仓皇。

工作上，进入了一个全然没有接触过的行业，战战兢兢，如履薄冰；领着微薄的见习工资，时刻都担心不能转正；生活上，和老乡合租一套两居室的房子，是那种20世纪80年代的员工宿舍，非常简陋，蟑螂老鼠横行。一个朋友来看我时，忍不住感叹：真难想象，你就是在这种环境下写东西的。

陈果比我的情况还要差些，二十出头正好碰上家庭变故，父亲去世，身为长女的她一心想撑起风雨飘摇的家。那几年里，她开过餐馆，倒腾过服装，由于没有经验，结果都亏了。

无奈之下只好漂到北京打拼，住过不见天日的地下室，尝过挨饿的滋味。最穷的时候只能喝着白开水啃面包，还有一顿没一顿的，以至于后来日子变好了，一有应酬就只顾得上拼命地吃。

任何一个没有背景、拼不了爹的女孩子涉世之初，都会碰到我们这样的窘境吧。

最窘的还不光是物质上的匮乏，而是找不到方向，看不到前程的迷茫感，以至于畏首畏尾、瑟缩自卑。现在回头来看，那时候真的不仅仅是没钱，连内心都是虚弱的，精神上也是贫穷的。

二十多岁时最想知道的就是，如何才能尽快熬过这段双重贫困的日子，让自己在物质和精神上都变得丰裕起来呢？所以当陈果在豆瓣上讲述她的漂亮朋友刘文静的故事时，我特别着迷。我想知道，我走过的那些弯路，她是否也走过，我有过的那些挣扎，她是否也有过。

刘文静可以说是典型的贫家女孩，出生在落后山区的贫困家庭，还是家中的老二，初中毕业就辍学了，跟随着表哥到大上海去打工，从洗碗女工做起。这样一个女孩子，居然神奇地完成了"三级跳"，先是考上了重点大学，然后又做起了金领，接着跟人去非洲淘金，在上海有了自己的房子，实现了小型的财务自由。

诚然，在这个看脸的世界里，刘文静的美貌给她加分不少，但她能够成功，靠的绝不仅仅是美貌。如何才能一步步从穷姑娘蜕变成"白富美"呢？姑娘们至少能从刘文静身上学到三大法宝：

第一，你得具有坚韧不拔的毅力和百折不挠的决心。

换句话说，你得特别能吃苦。刘文静在洗堆积如山的碗时，没有叫过一声累；在深夜苦读整本整本做练习册时，没有叫过一句苦。姑娘们刚刚步入社会时，难免要去烈日下跑腿，在领导面前挨骂，滋味有点苦是吧，可再苦也要咽下去，谁叫你还不够强大呢。

能吃苦只是先决条件，甚至不是最重要的条件。要光是能吃苦，估计刘文静就只能做一辈子的洗碗女工了。碗洗得再快再好，也不过多挣个十块八块，能拿命运有什么办法。

第二，你要懂得让自己增值。

所谓人穷志短，指的是贫穷很容易消磨掉一个人的志气，让你甘于原地踏步，一辈子都受它的束缚。当你穷的时候，与其想着如何节流，如何存钱，还不如想着如何开源，如何实现自我增值。

增值的途径无非是两种。

一是学习，不断地学习。刘文静通过苦读一年，考入上海某著名大学。这个有点难度，不一定每个人都要效仿，但现在远程教育这么发达，你至少可以自己在家学习吧，想入哪个行业，就考哪方面的证，不算太难吧？

二是跳槽，指的并不是漫无目的地跳来跳去，而是从一个差的行业跳到好的行业，或者从一家劣质公司跳到行业内的翘楚公司。难不难？当然很难。考验的不仅仅是实力，还有眼光。

二十几岁的时候不要害怕尝试，当熬过最难的那几年后，你会有意想不到的收获。刘文静的厉害之处，就在于她始终保持着向上的冲劲，永不放弃，永不言败，像打了鸡血一样往前冲，这样的人到哪儿都是优秀的人。

第三，不要试图通过依附男人来改变命运。

前一阵，有两篇观点针锋相对的文章在网上特别流行，一篇教导姑娘们"别和穷人谈恋爱"，另一篇则反驳说"你以为不和穷人谈恋爱，就能遇到富人了吗"。其实我觉得这两篇文章殊途同归，都阐述了这样一个事实：只有当你十分优秀时，才能得到优秀男人的青睐。

确实，双方势均力敌才是爱情的真相吧。像刘文静，长得算美的了，可当她在小餐馆洗碗时，充其量也就能嫁个普通的男人。普通小白领，可能会买不起房，也养不起车。就这样，还被对方家庭嫌弃，说她高攀。后来随着她变得越来越出色，收入越来越高，进入的圈子也越来越高大上，男友也从海归、金领升级到了货真价实的富二代。

刘文静不是灰姑娘，如果她还留在小餐馆洗碗，再美貌也不会有王子从天而降。她完全依靠自己完成了救赎，不依附，不仰视，这样才能底气十足地等待她的真命天子出现。所以女孩们不要再纠结什么到底是要干得好，还是要嫁得好这种难缠问题了，通常情况下，你只有干得好时，才能嫁得好。用流行的话来说，你想要嫁入豪门的话，先得把自己变成豪门。等你真成了豪门，也许就不那么在乎嫁的是不是豪门了。

我曾经问过陈果，刘文静是不是真有其人？她说故事难免会有虚构成分，但的确是有原型的。其实，在读故事的过程中，我可以从刘文静身上看出作者陈果的影子，也能看到我自己的影子。刘文静是谁？是你，是我，是千千万万曾经穷过却奋力向上的女孩们的缩影，我们都是这样一步步走过来的。

我上面说的三大法宝，不仅适用于刘文静，也适用于所有正在苦苦打拼、除了勇气和青春外一无所有的年轻女孩。即使你没有她那样出众的美貌，只要能像她一样坚忍、独立、聪明、永不言弃，我相信一样也可以收获更好的生活和更优质的爱情。

多数成年人不知自己热爱什么

现在流行的文章，总是叫你"以自己喜欢的方式过一生"，或者"去做你最爱做的那件事"。可你要去问大家，你究竟喜欢做什么？估计能答上的人不会太多。

我曾经写过一篇文章，名字叫《一辈子不长，去做你最想做的那件事》。很多朋友看了文章后都留言说，真羡慕你啊，知道自己最想做哪件事。之所以这么评价，是因为他们很多人都弄不清自己最想做什么。

对于小朋友来说，这是个很好回答的问题。你若走进幼儿园去问小朋友，你喜欢什么呀，他们会不假思索地告诉你：

我喜欢画画！

我喜欢玩乐高！

我喜欢唱歌！

我喜欢滑冰！

我喜欢讲故事！

......

同样的问题，拿去问成年人，很多人会犹豫半天，然后支支吾吾地告诉你，我可能喜欢什么。说可能，是因为他自己心里都不确定，若再追问下去，有些人会坦率地告诉你，在这个世界上，他唯一喜欢的就是不上班。

Oh,no！这不是喜欢，这是逃避。

这样的人还真不是少数，越来越多的小孩子在长大后变成了无兴趣、无爱好、无特长的三无成年人，他们没有特别喜欢的事物，对什么都谈不上有多大的兴趣。他们对当下的生活并不满意，却并不知道自己究竟喜欢干什么。

他们找不出一个词语来形容自己所过的生活，其实在很多年以前，一个叫梭罗的诗人早就形容过了。梭罗说：我们大多数人，都生活在平静的绝望中。

为什么大多数成年人都不知道自己喜欢做什么呢？

上次我一个师姐就在我那篇文章下面评论说：其实小时候我非常清楚自己喜欢做什么，但长大之后，在喜欢做的事和应该做的事之间，我每次都选了应该做的事，久而久之，我逐渐忘了自己喜欢做什么了。

这的确是个重要的原因。

从小到大，我们就被父母和老师教导着应该去做什么。你喜欢唱歌，可父母会说，有几个人能成歌唱家啊，你还是努力学习吧。你喜欢看课外书，可老师会没收掉，告诉你光看这些是永远考不上名牌大学的。

等到长大后，你终于有了自主权，可以自由地选择做什么，这时候却发现，自己已经被上一代灌输的理念洗了脑。没有人逼你了，但你会自觉地去做你应该做的事。你甚至会说，小孩子才谈喜欢不喜欢，成年人的世界里只有应该不应该。

成年人和小孩子的思维确实太不一样了，比方说，小孩子很少考虑做这件事有什么好处，他喜欢就去做了，可成年人在做一件事之前，首先就会考虑，这件事有用吗？

这是妨碍他们投入到喜爱事物的另一项重大阻力。他们害怕在一件事情上毫无收益，以至于一开始就不愿意投入其中。除了必须做和应该做的事之外，他们做什么都浅尝辄止，一旦没有实际收益就立马停止投入精力。

结果就是，他们的生命被那些应该做的、有用的事填充得满满的，将那些喜欢做的，但看上去没什么用的事，完全挤压了出去，不留一丝缝隙。转过头来他们又抱怨说，没时间去做喜欢做的事，怪谁咯？

畅销书作者古典评价这样的人说：无趣之人（对什么都不感兴趣的人），往往不是无能之人，而是无胆之人。真是一针见血啊。

写到这里，可能有人会觉得，我是在提倡大家不顾一切地去追求梦想。不是的，我从来都不是一个彻头彻尾的理想主义者，我勉强算是个现实的理想主义者吧。像毛姆笔下的查尔斯那样抛妻弃子去追逐梦想，一般人做不到。一般人能够做的，无非是在现实和理想之间寻求平衡。

很多人问过我，你是怎么找到自己喜欢做的事的？

作为一个比较怂的成年人，我自问没有查尔斯那样的孤绝和勇气，之所以到今天有幸能从事自己喜欢的工作，无非是因为自己在这件事上，延续了童年时期的投入和痴迷。

不知道你有没有观察过身边的小孩，他们不管功课多累，总还能腾出时间去玩些自己喜欢的玩意儿。

作为成年人的你同样可以的，当你做了应该做的事，承担了应有的责任后，别忘了给自己喜欢的事物留下一点空间和时间。

上天会给很多人一种叫作"瘾"的东西，你最愿意做的那件事，可能就是你的天赋所在。别去想什么有用没用，把业余时间花在你真正的兴趣上。

画画有用吗？唱歌有用吗？读书有用吗？写东西有用吗？诗歌和艺术有用吗？

很多东西看上去都对人类社会的进步并无用处，可我始终记得，电影《死亡诗社》中基廷老师说过的那句话："没错，医学、法律、商业、工程，这些都是崇高的追求，足以支撑人的一生。但诗歌、美丽、浪漫、爱情，这些才是我们活着的意义。"

大多数人由于种种原因，可能无法从事自己喜欢的工作。但至少能够在工作之余，把时间花在自己喜欢的事物上。你可能觉得那是虚度光阴，但人生正是因为有了这样美好的虚度才值得一游。

舍得为你喜爱的事物花时间，这只是第一步，接下来的第二步更关键：持续不断地为你喜爱的事物花时间。

很多人所说的热爱，通常只有三分钟热度。

你说热爱旅游，却只在周末去过城郊；

你说热爱写作，却只热衷于在朋友圈发点文字；

你说热爱摄影，却连扛起器材去山上等流星雨都没耐心；

你说热爱足球，却只热衷于做一个足球联赛的观众。

很多人好像忘了，热爱是要付出长时间的精力和心血的，我们在一件事上花费的时间越多，我们就会越热爱这件事。反之，如果你什么都只试试就算了，那么永远都找不到一件可以让你全情投入的事。

世界上的玫瑰那么多，小王子为什么唯独对他的那朵玫瑰念念不忘？不是因为这朵玫瑰比其他玫瑰更娇艳，更动人，而是因为他在这朵玫瑰上倾注了大量的时间和感情。

不管对人还是对事，你投入的时间和感情越多，你就会越热爱他（它）。那些没有付出时间的热情，很快就会消退，唯有不断地投入，才能巩固你与所爱事物之间的关系。

著名的一万小时理论，说的就是你必须在一件事情上投入超过一万小时，才能有所成就，这同样适应于我们喜欢的事物。

当你越投入，这件事情带给你的回报就越丰厚，你会享受到难以言喻的快乐和成就感，从而促使你进一步投入，渐渐形成了良性循环。

很多人苦恼于没办法从事喜欢的工作，以我的经验，如果一个人坚持能在工作之余做自己喜欢做的事，没准哪天就能从中找到谋生之道，可以将喜欢做的事和应该做的事合而为一。

就算不能以此谋生，那种全情投入的过程本身就是令人感到享受的。小孩子全心全意游戏的时候多开心啊，何不让自己去重温一次那种感觉。

再来听听《死亡诗社》中基廷老师的忠告吧，他说：你们必须努力找寻自己的声音，因为你越迟开始寻找，找到的可能性就越小。

从现在就开始找寻自己的声音吧。

你不能想得太多而做得太少

有一次，微信上一个同校的师妹申请加我为好友，我通过之后，师妹迫不及待地切入正题：师姐，我好羡慕你的生活，我从小就喜欢写作，该如何才能过上以写作为生的生活呢？

我问她：你现在开始写了吗？

她回答说：还没有，因为作为一个新人，写好了也没有发表的途径。

我忙说：怎么可能，现在网络平台如此发达，写言情可以去晋江，写玄幻可以去起点，写随笔可以去豆瓣，写杂文可以去天涯，不管你写什么，总能找到发表的平台。

她礼貌地感谢过我后，表示要好好去研究一下。

半个月以前，这位师妹又来找我聊天。我以为她已经研究出成果了，便问她最近写文进展如何。

谁知她犹豫了一会儿，告诉我说：师姐，我还没想好到底是写小说还是写散文呢。

我问她：那要看你想写什么。

她考虑了好久才回答说：还是小说吧，不过我听说小说要红很难，大家都只读得进鸡汤，哪儿有耐心读小说。

我告诉她：那要看你自己擅长什么了，不是每个写鸡汤的都像咪蒙一样红，也不是每个写小说的都无人问津。

她说：那我自个儿再琢磨阵儿吧。

就在三天前，我在群里碰到她，问她琢磨得怎么样了。

这小师妹理直气壮地回答说：还没呢。原来她又陷入了新一轮的担心中，她说：师姐，我听说现在盗文和侵权很厉害，要是我把文章发在网络上，会被盗文吗？

我只好告诉她，这个问题我就无法保证了。

听了我的回答后，师妹陷入了深深的纠结之中，我估计她还将一直纠结下去。

遥想当年，我刚在网络上写文章时，根本没考虑过盗文之类的问题，现在的年轻人啊，真是思虑周全得很啊。

作为写手界还算资深的老司机，我常常收到一些关于如何写作的私信，通过总结发现，这些初学写作的人最大的问题就是该如何开始，比如说：

"写小说前，要不要写大纲？"

"作为一个新手，如何写出人生中的第一本书？"

"写作时，该不该考虑市场？"

……

对于这类问题，我只能统一回答：快去写吧。立刻，马上！

我不是偷懒取巧，而是因为所有和写作有关的问题，只能在写作中得到解决，事先想那么多有的没的，都没用。

环顾周围，像我师妹这样想太多的年轻人，不是太少了，而是太多了。

你是不是想去环游世界，却又担心自己存款不够多？

外语不够好？以至于迟迟迈不出最初一步，连走出国门去外面看看都无法开始？

你是不是想继续深造，但顾及到一旦离开了原有的位置，很快就会被人取代，以至于根本不敢轻易离开？

你是不是想开始创业，但考虑到自己毫无经验，经济大环境又不够景气，所以压根不知道从何下手？

这些"想太多"的人，在开始做一件事之前，总是会顾虑重重。他们不是不想开始，而是在开始之前，想等待一个最完美的时机。

他们最喜欢说的就是，等我怎样怎样了，我就如何如何：

等我财务自由了，我就去做真正喜欢的事；

等我选到了一个最理想的店面，我就去开家小店；

等我英语学好了，我就去国外旅行；

······

这些"想太多"的人，总是把时间花在纠结上，他们总是想等到一切条件都足够成熟时，才开始去做。可事实上，永远都没有万事就绪的时候，你想等到一个完美的开始，结果就是永远也开始不了。

他们总是设想着等什么都准备好了，然后再开始去做最想做的那件事。

通常情况则是，当我们把所有期待都放在然后上，然后就没有下文了。

一个五百强公司的HR曾经跟我说过，他们公司每年都会对员工进行测评，结果发现，那些在公司表现最好，最受猎头青睐的员工往往不是一肚子IDEA的，而是行动力超强的。所以他们在招人时，通常会着重考察应聘者的执行力，他们也许不是最有创意的，却是最善于将创意转化为产品的那类人。

作为一个从小到大想到什么就去做什么的雷厉风行者，我一度很难理解为什么有人会在做一件事前想那么多，直到同样的事落到我自己头上。

从今年年初开始，我一直在筹划着做一个个人公众号，但是眼看着今年已经只剩下不到两个月了，这件事情还在筹备之中。昨天，我在微信上和一个很久没聊过的编辑聊天，问他开始做公众号了吗？他发了一个尴尬的表情，说还没有。我说，我也没有。两个人都不约而同地有些沉默。

就在年初的时候，我们俩还是那么的踌躇满志，兴致勃勃地告诉对方：我要做公众号啦！你要监督我哦。

豪言壮语还在耳边，十个月过去了，我们压根都没有起步。对比起来，唯一值得欣慰的是，我新注册了一个公众号，尽管一篇文章也没有发布过。

为什么会这样呢？我觉得还是因为顾虑太多吧。就拿做公众号这件事情来说，我有太多太多的担心：担心写不出爆文，担心写的文章没人看，担心涨不了粉，担心无法及时更新，担心即使更新了也无人关注……

这些顾虑阻碍了我，让我将做公众号这件事一再延迟。我终于明白了为什么会有那么多想太多的人了，因为他们和我一样，有着各式各样的担心，我们害怕的事情看似千姿百态，其实质却是一样的——我们都害怕自己在竭尽所能后，收获的仍然是失望。

所以我们宁愿将手头想做的事无限期往后推延，好像只要不去开始，那些担心的事就一样也不会发生。

为了避免努力之后的失望，我们干脆就不去努力。

但是这样真的就不会失望吗?

不会的。

天长地久下去，也许我们避免了种种设想中的失望，却逐渐累积了另一种失望——那是对自身怯懦和拖延的失望。

失望有很多种，可当一个人开始厌弃自己，那才是最致命的，这样的失望，才是真正的失望透顶。人最怕的，是还没有行动前，就找出各种理由和借口来，说服自己不要开始。

杨绛先生曾经给一个年轻读者回信说：你最大的问题，就是读书太少而又想得太多。

对于我们绝大多数人来说，除了读书太少外，最大的问题往往是想得太多而又做得太少。

罗振宇曾经提出过一句响亮的口号，"成大事者不纠结"。古往今来的成功者，的确都是执行力超强的行动派，他们很少纠结，他们想到一件事，就马上去行动，在行动的过程中去修正问题，解决问题，而不会设想着等到所有问题都解决了再去开始。

乔布斯在推出苹果手机前，人们对智能手机的前景并无信心，他没有想太多，坚持推出了自己的产品。苹果一代还有着许多缺陷，可那又如何，那些缺陷都可以在一次又一次的升级换代中得到弥补。

马云在创立阿里巴巴时，几乎遭到了所有人的嘲笑，人们压根不相信，会有人真的去网上买东西。如果他非要坚持等到一切都准备就绪时再动手，那么现在称雄互联网经济的霸主可能早已换了其他人。

当你还在踟蹰，当你还在纠结，当你还在期待一个万事俱备的开始时，行动派们已经早早地着手去做，久而久之，你们之间的距离会越来越远，你会发现，当初都在同一个起点上，可因为你想得太多而做得太少，早已被远远地甩在了后面。

我不是说让你行动前什么都不去想，而是劝你在行动前千万别想太多。想太多这件事，本身就是很耗元气的，日复一日的纠结，会消磨掉一个人的志气，让人在还没开始行动之前已经变得筋疲力尽。

你所要克服的，是瞻前顾后的担心以及对完美的执念。在做一件事之前，适当的筹划是有益的，过多的顾虑则是有害的。对于我们要做的大多数事来说，完成永远比完美要重要。

孔子曾说"学而不思则罔，思而不学则殆"，把学替换成"行"，意思也是很恰当的。

与其在行动前就纠结着如何开始，还不如挽起袖子，说干就干。

你想要写出让人看得如痴如醉的小说来，那么就打开电脑，写下第一个字；

你想要见识更广阔的世界，那么就走出家门，去你力所能及的远方；

你想要更高的收入，更好的生活，那么就花费更多心血去成为某一行业的专家，让自己成为能够匹配更好生活的人。

你想要吃桃子，至少得先种棵桃树对不对？

别等到你垂垂老矣的时候，才后悔莫及地发现，你对未来有过无数种美妙的设想，可那一切都停留在了想想而已的阶段。一个人能抵达多远的目标，归根结底取决于你做了什么，而不是你筹划了什么。

幸运永远属于说干就干的那一小撮人。

Just do it！

一个人最怕稳定地混着

我辞去了报社记者的工作。很多人都对此很不理解，跑来问我：为什么啊，现在要找份稳定的工作多难啊，再说，你那工作多好混啊，干吗要辞职？

如果要从好混的角度来看，确实很难找到比这份工作更好混的了：不用坐班，工作时间相对自由，没有太大的工作压力，上司不会因为你得罪了他就动辄给你穿小鞋，同事都还算是比较好相处的。尽管绝大部分平台都在唱衰纸媒，其实出去采访的时候，记者还是很受尊重的。工资呢，尽管很多年没有涨过了，每个月轻轻松松还是能拿到万把块的。

在媒体干过的网红咪蒙曾撰文称，她每天只需工作半天，一个月就能赚一两万。我赚得比她少些，工作强度却还要低些。

在一个三四线的小城，你还能找到比这更轻松更好混的工作吗？答案是，不能了。

那么问题来了，既然如此，我为什么还是要辞职？

面对这样的诘问，我通常会胡乱说些理由，比如干久了职业疲劳了，比如想把更多的时间花在家庭上，其实这些都不是真正的理由，真正的理由是——

我不想再继续这样混下去了。

这理由我没法说出口，一来会被人怀疑我脑子进水了，二来怕无形中戳伤一些人。

"混"在我国并不是一个贬义词，在某种意义上来说，它甚至是一个褒义词。人们最羡慕的，往往不是那些最努力的人，而是那些最能混的人，能混的人，总是能花最少的力气，去谋取最大的利益。

有了这种思维，所以人们在判断一份工作的好坏是，往往也用好不好混来评判。企业压力大老加班，创业太折腾有风险，这些都属于不好混的工作。于是公务机关、事业单位这些就成了很多人趋之若鹜的去处，虽然待遇不见得太高，福利不见得太好，但是没关系，性价比高嘛。

于是，这些相对稳定的工作就成了最能滋生"混子"的摇篮。人是有惰性的，既然环境允许你整日得过且过，那么为什么还要去努力？每天用两三个小时去处理工作上的事务，剩下的时间用来喝茶聊天刷手机，不是挺舒坦吗？

在这样的环境里，很多人都丧失了投入工作的激情，而是用能混且混的态度来对待工作。老实说，我刚开始入行时，还是有着一腔热血的，偶尔还幻想着能够铁肩担道义，妙手著文章。结果随着时间的流逝，热血渐渐冷下来了，工作的目标逐渐从实现理想变成了养家糊口。当我意识到自己开始在混时，我才下定决心辞去了工作，不然再这么待下去，真怕我很快就会变成自己最讨厌的那种人。

这么写下去，似乎会变成对稳定工作的批判。不不不，我其实一点都不反对稳定，我只反对稳定地混着。或者说，我反对一切形式的混着。

追求稳定是绝大部分人的天性，这是无可厚非的。相对稳定清闲的单位可能不会对你有太苛刻的要求，这种情况下，你更需要做一个对自己有点要求的人。

在任何一个地方，都有以混的态度来对待工作的人，与此相对应的，也有兢兢业业一丝不苟的人。有些人可能会说，待在一个日渐衰落的行业，你不混的话，又能怎么样？事实上，任何一份工作都是值得你认真对待的。我曾经采访过一个补碗匠，他是一位年近八十的老人了，随着物质的繁荣，补碗这门技术已经基本属于被淘汰的行业。可这位老人仍然坚守着他的手艺，我见识过他补碗的技术：一只碎成很多片的碗，他一点点摸索着对上茬口，再一个个钉上螺钉，几番穿针引线，破碗竟奇迹般地复原了。村里人知道他的爱好，偶尔有人会拿着摔破了的碗来找他补，但这样的机会越来越少，毕竟，买一只碗的成本比补一只碗还要少。

我曾经问他：现在基本都没有人来补碗了，为什么您还没有放弃这门手艺呢？他回答说：只要有一只破碗落到我手里，我总要把它补得滴水不漏。

都在说匠人精神，这就是最朴素也最实在的匠人精神吧。不管你做什么工作，其实都需要一点匠人精神。如果你所在的行业就像撞了冰山的泰坦尼克号一样，难以避免沉没的命运，那你也可以选择勇敢地逃离，或者体面地坚守。最可怕的是，有些人一边贪恋着大船的庇护舍不得走，一边又诅咒着这艘船怎么还不早点沉。

有些人可能会问，如果我现在只是迫于生计，做着一份并不喜欢的工作，那我不混还能怎么样？我想说的是，在这种情况下，你更加不能混，混是一种消极的工作态度，它摧毁的，不仅是你能在工作中收获到的成就感，更是一个人赖以活下去的体面和尊严。

你如果在年轻时就选择混的话，日后很难再树立起积极的工作态度。相反，如果你能拿出一丝不苟的态度来做好手头这份并不喜欢的工作，这必然增加了你今后从事喜欢工作的可能性。世界上的工作有千千万万种，每个人的专长和兴趣都不一样，但把工作做好的态度却是相通的：你必须全力以赴、认真对待，才能有所成就。在同一个公司做事，最终能够脱颖而出成为骨干精英的，往往是那些从不混日子的人。

如何判断你的工作是不是在混呢？作为过来人，我觉得可以从两个方面来思考，一、你从工作中还能不能获取进步；二、你工作的时候是想着把一件事情干完，还是想着把它干好？

如果一个人工作的目的仅仅是为了获取金钱，工作的态度从精益求精变成了敷衍了事，那就该是考虑辞职的时候了。

别再说什么大多数人都在混着，这样真是侮辱了大多数人，大多数人其实都在你看不见的地方默默努力着好吗。即使是每天混日子的少部分人，你以为他们真的就混得那么心安理得吗？至少据我观察到的，并不是如此。

我辞职的时候，一位同事笑着对我说：你真是太傻了，我还想着，要怎么样才能更好地做体制的寄生虫呢。

听了这话，我不禁有些难过。这位同事刚来的时候，也称得上才华横溢，后来因为工作上有些挫折，慢慢就变成了著名的老油条。每个月只能堪堪完成工作的基本任务，剩下的时间就是悠游度日，偶尔在工作群里含沙射影地骂骂领导。人呢，也日渐萎靡下去，浑身上下散发着一股失败者的气息。

有多少人和我这位前同事一样，既想占单位的便宜，又要享受骂单位的快感。殊不知，你以为这是在浪费单位的资源，其实是在浪费自己的生命。就算你能够心安理得地混下去，一有风吹草动的话，最先淘汰的就是你。

还记得《士兵突击》中许三多的那句经典台词吗："你现在混日子，小心将来日子混了你！"

所有步入职场的年轻人，都应该以此为鉴。

做一个从不对自己降低要求的人

相信你的朋友圈，一定曾被这句话刷爆了吧：生活不止眼前的苟且，还有诗和远方的田野。

自从高晓松给许巍写了这么一首歌之后，很多人在一瞬间对他粉转黑。他们认为，你都这么成功了，当然可以不苟且了，这纯粹就是成功人士站着说话不腰疼。于是，看不惯的人磨刀霍霍，针对这句歌词写出了一系列的檄文：

《没有眼前的苟且，怎么会有诗和远方》

《父母尚在苟且，你却在炫耀诗和远方》

《谁不是在苟且中度过一生》

《眼前的苟且，也正是诗和远方》

《谁的青春不苟且》

《眼前的苟且都过不下去，拿什么追求诗和远方》

……

标题取得一篇比一篇劲爆，篇篇都有成为朋友圈爆文的潜质。作为一个旁观者，忽然瞧见这么一大批有关于苟且和远方的爆文冒出来，总觉得哪里有些不对劲。

苟且这两个字，光是从字面上来理解，无论如何都不是个什么好词儿，和它有关的成语，比如说苟且偷安、苟且偷生、因循苟且，每一个都是贬义词。可是看这些爆文作者所取的标题，完全是拿苟且当成褒义词在用啊。

他们这么理直气壮地以苟且为荣，搞得我都有点疑惑了：莫非我初中学过的词性分类知识，已经全部还给语文老师了？

为了准确判断，我还特意去搜索了一下苟且的含义，"百度百科"显示，苟且具有三层含义，第一层含义是"只顾眼前，得过且过"；第二层是"敷衍了事，马马虎虎"；第三层是"不正当的"（多指男女关系）。

我想，再怎么希望自己的文章博眼球，这些作者也不会鼓励大家只顾眼前、得过且过，也不会提倡人们敷衍了事，马马虎虎，更不会去号召大家乱搞不正当的男女关系。

他们之所以这样写，可能是根本就没有搞清楚苟且的含义，最重要的原因则是，大部分的人，误把平凡当成了苟且。

比如说，有一篇很火的文章叫《父母尚在苟且，你却在炫耀诗和远方》，我很想知道文中的父母究竟是如何苟且的，打开文档一看，原来是说当很多孩子在挥霍无度时，做父母的却为了供养孩子，在兢兢业业地工作、任劳任怨地卖命，冲马桶都要用洗拖把剩下的水，连买个流量包都要思忖良久。

我看了之后觉得，这样的状态，其实是中国绝大部分父母共有的活法，他们为了家庭、为了子女，恨不得像老牛一样，吃的是草，挤出的是奶，他们这一辈子，大多都没有立下什么丰功伟绩，只是尽职尽责地做着一份再普通不过的工作。

这样的人生，你可以说够平凡，但怎么可以说成是苟且？要是父母知道孩子把他们一生的辛劳误读为"为了生活而苟且"，还不知道会有多伤心。如果这都算是苟且的话，那这个世界上百分之九十九的人都在苟且了。写这篇文章的作者，对这类父母的付出其实是很尊敬的，错就错在不该用"苟且"这两个字来形容。

平凡和苟且，从表面上来看状态似乎是一样的，其实性质完全不一样。我们绝大多数人都注定一生平凡，但并不代表所有人都在苟且。

如何区分平凡和苟且呢？很简单，其实就看你的人生态度。

一个普通的拾荒老人，数十年如一日在外捡拾垃圾，风雨无阻，只为了供孩子读书，这样的人生，也许一点都不光鲜，但你能说他在苟且吗？

一个寻常的家庭主妇，这辈子也没有外出工作过，却把自己的小家庭经营得无比温馨，让自己的孩子和丈夫每天都能吃上可口的饭菜。这样的人生，也许一点都不伟大，但这你能说她是苟且吗？

有人会觉得，你如果做着不想做的工作，过着不想过的生活，就代表你在苟且了。事实上，人生如此艰难，可能绝大部分的普通人，都没有办法过上理想的生活，从事喜欢的行业，但他们照样认真地工作和生活着。就算一辈子都只能做个普通人，我想大多数人还是在努力着做个体面的普通人，谁都不想在苟且中度过一生。

所以，千万不要再把平凡误读成了苟且，任何一个为了自己和家人的未来而奋斗的平凡人都是值得尊重的。人生可以平凡，但绝不能苟且。不信的话，你试着把上面那些爆文中的"苟且"改成"平凡"看看：

《没有眼前的平凡，怎么会有诗和远方》

《父母尚在平凡生活，你却在炫耀诗和远方》

《谁不是在平凡中度过一生》

《眼前的平凡，也正是诗和远方》

《谁的青春不平凡》

《眼前的平凡都过不下去，拿什么追求诗和远方》

……

这样听起来是不是顺耳多了？

那么到底什么样的人生才能称之为苟且呢？就我看来，平凡和苟且之间有一条线，再普通的人往往也会有自己的原则和底线，如果有个人完全丧失了内心的底线，那他就会开始苟且。

当一个人做什么都只求敷衍了事，当一个人一再打破自己的底线，当一个人为了眼前的利益，可以牺牲掉曾有的原则，当一个人逐渐变成了自己最讨厌的那类人，那他就是在苟且了。

比如说，李小明曾经最痛恨的就是吹须拍马，后来竟自然而然地歌颂起某位上司文成武德，无所不能；张丽华曾经觉得一定要嫁个相爱的人，后来却为了找张长期饭票嫁给了一点都不爱的那个人，这个时候，身处其中的人就要警惕，是不是在一步步滑向苟且的泥潭。

有一个用来形容人不顾底线、削尖了脑袋钻营的词语特别传神——蝇营狗苟。我想，谁都不愿意成为一个蝇营狗苟的人，这个词语多丑陋啊，一听就让人想起嗡嗡乱叫的苍蝇。

每个人都会遭受苟且的诱惑，因为混着比努力舒服多了，抱怨比反省自在多了，因循比创新容易多了，想要苟且那么一下下的时候，就想想这个词语吧，生而为人，别让自己沦落到蝇营狗苟的丑陋状态。

那些从眼前就开始苟且的人，就别谈什么诗和远方了。你在最平凡的时候，就选择了得过且过，能混就混，还奢望能够有什么远大前程吗？如果真的有诗和远方的话，也注定是属于那些从未对自己降低要求的人，他们不曾苟且。

我们活在世上，无法选择自己的境遇，甚至无法选择自己的工作，但至少有一点是可以掌控的：你可以选择做什么样的人。一个从不苟且的人，或许并不能取得世俗意义上的成功，至少这辈子活得问心无愧。

当然，人生是你自己的，你实在想苟且一生的话，也没什么，但一边苟且着，一边还鼓吹着我苟且我有理，就有点像那只嗡嗡乱叫的苍蝇了。

这个世界上没有似是而非的成功

自从我选择在家全职写作后，听到的最多的质疑就是：你都读了研究生了，居然去写稿子，真是太可惜了。早知道……

碍于情面，他们没有把话说得太直白。但我完全听得出他们的潜台词：早知如此，还不如读了高中后就直接出来写，既节省了学费，又争取了时间。

在这类人的眼里，写作可能是个技术含量特别低的行业，你只需要能认全最常用的五百个汉字，加上家里有台联了网的电脑，就可以开始写作了。这类人认为，他们之所以还没有成为作家，完全是因为他们忙着去做更重要的事去了，等有朝一日闲了下来，没准就能写出传世之作来。

即便遭遇过这样的质疑，我从来都不觉得读了研究生后又投身于写作是种浪费。如果没有岳麓山脚下那几年求学的经历，我的阅读、视野乃至心胸都难以开阔，我可能一辈子都会纠结于自身的小情小绪，没办法关注自己之外的更广阔的世界。那样的我，可能也在写作，但写出来的东西质量绝对不一样。

有些读者看了我的书之后，会给我留言：慕容，你的古代文学功底怎么这么好啊？我告诉他们，因为我研究生时的专业就是古代文学，有幸学了些皮毛。这些皮毛可能不足以我在学术领域获取成就，但放在一本通俗读物里，有时确实是会起到点石成金的作用。

所以你看，我读的那些书，其实一点都没有浪费吧？当然，读书生涯带给我的，远远不止积累知识这么简单，这点下文再说。

这年头，但凡一个人选择了和专业无关、看上去又不那么风光无限的工作，都会碰到类似的质疑。我选择写作好歹还和所学专业沾了点边，我有个中学同学，大学读的是北方一所理工科的名校，毕业后进过媒体，摆过地摊，开过网店，后来转身开起了奶茶店。

他所从事的这些行业，和以前在大学里学的专业，可以说是风马牛不相及了。按照很多人的传统观念，他大学完全白读了，高中也可以不读，初中毕业的话，已经能熟练地运用四则混合运算，还认识不少字，这样的文化水准，用来卖奶茶肯定绰绰有余了。

我这位同学，从小就勤奋好学，长得文质彬彬，书生气质很浓。他属于那种去了广州书城，可以站在书架下看上一整天书的书虫，即使现在开了奶茶店，稍有空闲就会捧着本书在那看。

有人可能会觉得，哎呀，你都去卖奶茶了，读那么多书到底有什么用啊？

真的一点用处都没有吗？我同学肯定不这么认为，他曾经多次跟我说起，自己做生意时是如何运用大数据等知识，在竞争激烈的灯具和奶茶行业中脱颖而出。

他卖灯的时候，灯具实体店已经比比皆是，而他大学所学的专业，正好为他提供了互联网电商的思维的，于是他独辟蹊径，决定在网上开灯具店。那时在网上卖灯的人还特别少，所以他没有费太大力气，就做到了灯具类网店的前十，最高峰的时期，一年的利润高达百万。

后来受房地产不景气的影响，灯具行业也随之疲软，加上竞争越来越激烈，他便决定转型去开拓餐饮业。

"开这家奶茶店之前，我搜集了大量的数据，然后进行海量分析，可以说，没有大数据方面的知识，这家店根本开不了多久。"他开店之前，没有急着去租门面，谈加盟，而是跑遍了广州、深圳、珠海等地，去每一家同类型的旺店门前驻守观察，仔细记下一小时内店前的人流量，以及进店购买的顾客比例。他决心做奶茶店后，就一家家去品尝，寻找最佳口感的奶茶。

经过半年的精心筹备，他的奶茶店终于开业了，店面是他千挑万选之后定的，通过严格的数据分析，他选择了一处人流量不算最大，但购买比例绝对是最高的门店。奶茶的配方也是他亲自调配的，以确保口感好。奶茶的价格更是他经过多次比较后最终确定的，同类店的奶茶都卖十六至十八元左右，他就把价格定低两块钱，这样虽然压缩了一点盈利的空间，却在性价比方面有了优势。

在同一片区域，这样的饮品店至少有不下十家，可他的店开张后一枝独秀，在客人中的口碑很好，一传十十传百，渐渐成为周围生意最旺的店。他统计过，同一个时间段，他的店比十米之外的一家奶茶店，顾客大概多了五倍。

他把这些都归功于经验和阅读。如果不是具备数据分析方面的知识，他可能也会像很多人那样头脑一热，随便去租个门面，不可能选到那么好的店面位置。如果没有研究过该类店的顾客心理，他可能顶多把店里布置得干净漂亮，不会想着在店内开辟一个小书架，专门摆放小资类型的书籍，以供顾客阅读。如果不懂得营销策略，他可能也不会在繁忙的生意之余，去经营他的公众号，树立奶茶店的品牌形象。

听了他的故事，你可能会发现，多读了些书去卖奶茶，比起初中一毕业就去卖的话，还是多了些技术含量吧。

当然，有些人还是会反驳说，那又如何，再怎么样也不过是个卖奶茶的。

兄台，你可别小看了卖奶茶的，同样是卖奶茶的，有人连房租都挣不到，我这位同学开的店除去人工和开支，年利润可以达到几十万，比人们艳羡的金领阶层并不差。

更重要的是，对于他来说，卖奶茶只是一个起点，他的野心远远不止于此。第一家店站稳了脚后，他已经开始动手布置第二家、第三家店，准备把同一种商业模式复制到珠三角的大部分城市中去。

我这位同学并不是第一位在质疑声中不断成长的大学生，这方面的先例太多了。最著名的莫过于当年传得沸沸扬扬的北大才子卖猪肉。

这个故事想必大家都很熟悉了，北大毕业的陆高轩，没有像大部分同学那样进入体制内，而是回到家乡，操刀卖肉，做起了人人争议的猪肉佬。

故事的下文却很少有人关注，陆高轩后来和同样是北大毕业的陈生一起创业，开办了"屠夫学校"，卖起了壹号土猪，开了数百家分店，甚至开到了北京去。他们雇请的员工，有一半以上是大学生。

即便如此，陆高轩在回北大分享创业经历时，还是觉得自己"混得差、不体面"，觉得"给母校丢脸了"。陈生则认为，他们去卖猪肉并不是证明读书没有用，后来能够把卖猪肉的生意做得那么大，还是得益于在北大形成的全方位的知识体系。

只能说，陆高轩受传统观念的影响太深了。在传统观念里，大学是精英教育，如果你读了所还不错的大学，就应该进知名外企、去科研机关，从事光鲜体面的工作。如果你选择了卖猪肉，就等于自甘堕落，背离了精英之路。殊不知，他的事业已经比很多所谓精英都要成功得多。

比较起来，我这位同学就坦然得多，他不是找不到一份体面工作，而是心甘情愿去卖奶茶，因为他觉得这样更加能够发挥自己的能力，早日实现财务自由。如今抱有他这种想法的年轻人越来越多，与专业对口相比，大学生们更关注将要从事的行业能否实现自我价值，社会主流对他们的态度也从质疑变成了肯定。以前大家看重的是你从事什么行业，现在则更看重你做得怎么样。

听说过伏牛堂吧？张天一北大硕士毕业后，选择把湖南米粉卖到北京去，生意做得风生水起，连李克强总理都亲自点过赞。

在大学生求职的时候，人们总是过分地强调学以致用，只要你所干的工作和专业没太大关系，那么他们就认定你大学四年都白读了。其实，求学能够给予一个人的并不仅仅是专业知识，它还能够开阔你的视野，拓宽你的眼界，促成你价值观和思维体系的形成。从这个角度来说，你学的专业只是"术"，在术之上，还有比这更重要的道。术是可以变通的，但道却是恒定不变，需要一以贯之的。专业只是为你提供一种就业选择，很多人却把它变成了一种束缚。

真正的学以致用，未必是指你一定要从事和专业相关的工作，而是不管你做什么工作，都能将学过的东西融会贯通、加以应用。比学习知识更重要的是，通过求学形成良好的思维体系和学习能力，这样你不管你从事什么行业，都能无往而不利。就好比一个习武的人，只要内功深厚了，无论是练拳脚还是练刀剑，总会比毫无内功的人进步神速。

随着大学教育的普及，越来越多的人在鼓吹读书无用论。我总是怀疑，那些说读书毫无用处的人，一种是从来不读书的，一种是只知道死读书的。读书读得通透、坚持终身学习的人，即使从事的是和专业毫不沾边的领域，他们所读的书也绝不会白白浪费掉。

你们村口的屠户卖了一辈子的猪肉，还只有个小小的猪肉档。陆高轩和陈生，却把壹号土猪卖到了全国各地，连我妈这样精打细算的人都愿意掏钱购买这种贵得要死的猪肉。对比一下，你说他们的书是不是白读了呢？

别担心自己俗不可耐

自从我写了那篇《为什么你年入数十万，仍然没有安全感》之后，公众号后台收到了不少留言，都是和钱有关的：

> 慕容，怎么样才可以年入数十万？
>
> 慕容，不如你专门写篇文章，说说怎么样才可以挣到钱吧。
>
> ……

作为一个自己还在摸索着努力挣钱的人，我实在没什么资格来告诉大家应该怎样去挣大钱。

不过作为一个财迷，我的确对这个问题进行过思考，就来随便写写，当作抛砖引玉吧。

一个人怎样才能挣到钱？

首先你得非常非常爱钱。

这是一个态度问题，态度端正了，才有可能挣到钱。用时髦的话来说，这叫作树立正确的金钱观。

你可能会说，谁不爱钱啊，这不是废话吗。可只要随便一观察，你就会发现，很多人其实并没有想象中的那么爱钱。

我曾经就这个问题问过周边的人：你爱钱吗？换句话说，你觉得钱重要吗？

结果只有为数不多的几个人坦然告诉我觉得钱相当重要，其他人大多是支支吾吾地回答说不是太重要。

比如我爸爸，他一直以来给我们灌输的观念就是，钱这东西，生不带来死不带去，够用就行，人嘛，知足才能常乐。

理是这个理，老爸这一辈子的确活得还算开心，但是，他也从来都没什么钱。

"够用就好"几乎是很多父母灌输给孩子的金钱观，按照中国人的传统观念，追求金钱这件事上不了台面，所以没有办法鼓励孩子理直气壮地去挣钱。

看看流传已久的那些谚语，就知道这种金钱观有多么深入人心了，什么"富贵于我如浮云"，什么"君子喻于义，小于喻于利"，什么"天下熙熙，皆为利来，天下攘攘，皆为利往"。

受此影响，搞得人们好像不视金钱如粪土，就成了孔夫子口中所说的小人一样。其实孔子才没这么迂腐，他老人家亲口说过："富而可求，虽执鞭之士，吾亦为之。如不，从吾所好。"意思是，如果富贵合乎于道，即使是给人家执鞭的下等差役，他也愿意干。

孔子反对的，只是不合乎道义的富贵，也就是说，君子爱财，但得取之有道。

后世却误以为他老人家一味提倡安贫乐道，于是一个个都争先恐后地表示自己鄙薄金钱，粪土功名，于是就出现了那么多没法子从心底里爱钱的人。当然，有些人是真的看淡金钱，有些人则是挣不到所以假装看淡，后者不属于这篇文章的讨论范畴。

不爱钱的人，十有八九迟早会吃到没钱的苦头。我是相信吸引力法则的，你渴望一件事物，才会吸引那件事物，渴望的程度越深，吸引的力度就越大。你如果没有那种对金钱发自内心的热爱，是很难吸引到钱的。

开始说过我爸爸一辈子活得还算开心，唯一苦恼的是钱不太够，他一生中仅有的几次大烦恼都和钱有关。如果钱多一点，他应该会活得更开心。

都说钱不能买到开心，但是有钱的人至少会多一些开心的机会。你想要走遍万水千山，这需要钱吧？你想尝遍好吃的东西，这也要钱吧？网络上有个段子说得好，同样是失恋，有钱人可以跑到巴黎去散心，而你只能在马路牙子上逛两圈。所以钱真是个好东西，千万不要抵触它。

根据我的观察，那些挣到了钱的人，基本都是发自心底地热爱钱的。追求金钱，对于他们来说是件再正常不过的事，他们一点都不以"爱钱"为耻。

年少成名的张爱玲就曾大大方方地说："我爱钱，因为我没有吃过钱的苦。"不管晚境如何，她毕竟也曾挣到过大笔钱，和胡兰成分手的时候，还寄给了他三十万写剧本得的稿费。

在我看来，爱钱，几乎就是挣钱的必要前提。

只有爱钱的人，才会想尽办法去挣钱。对于爱钱的人来说，钱这东西永远都不嫌多，他们一谈起钱来，眼睛都会闪亮。

认识一个兼职做公众号的姑娘，每天下班后累成狗，仍然坚持写文章，问她这么累为什么，她很实诚地回答说："想多挣钱。"皇天不负有心人，姑娘现在成了公众号界的小红人，挣的钱远远多过于她的工资了。

真是一个简单朴实的好姑娘啊，我最喜欢这样朴实的姑娘了。

真正爱钱的人，不仅会花很多精力去多挣钱，还会花很多心思去让钱生钱，也就是我们通常所说的投资。

实话说，这方面我没办法给你很好的建议，因为我是一个投资领域的失败者。股票涨得最猛的时候，我在买股票；房价跌到最低的时候，我在观望。结果就是，竹篮打水一场空，永远落在人后面。

但我还是坚定地认为，一个人必须要学会理财投资，失败了一次，下次吸取经验就好了。实在不知道怎么投资，就老老实实做房奴吧，总好过存银行。

时代在进步，老一辈奉行的"够用就好"已经不适用于这个年代了，因为通货膨胀得太厉害，你永远都不知道要挣多少才够用。我认识两个长辈，收入都差不多，一个抱着钱够用就好的想法，不买二套房，不投资，另一个到处折腾，敢把手头的房子抵押出去跑到深圳去买楼，现在两人的资产已经完全不是一个量级了。

香港女作家李碧华这样描述她的人生理想："最大的愿望，乃不劳而获，财色兼收，坐以待'币'，醉生梦死。"

可能你觉得这是空想，其实是有可能实现的。上次看过一篇文章，将挣钱的模式分为两种，一种是以时间换钱，另一种是搭建让钱生钱的循环管道，这样你只需做好前期工作，就能坐在家里收钱了。我们大多数人（包括我在内）之所以还穷着，是因为没有学会后面这一招，只得疲于奔命地用时间来换钱。

如何搭建这个管道呢？比方说，李碧华写了那么多畅销的小说，这些小说会不断地给她带来版税，不需要她再做额外的付出。再比方说，你花钱买了个商铺，再把商铺租出去，这样每年都有源源不断的租金。其他具体技巧，还得大家自己琢磨。

小时候我爸爸见我犯懒，总是骂我："你这么懒，天上是不会掉钱下来的。"可现在只要你积累了第一桶金，又有足够的眼光和智慧，真的可以"坐以待币"，不劳而获。

"坐以待币"的人生，真是想想都美啊。前提仍然是，你得非常非常爱钱，学会真正的爱钱，才知道怎样去赚钱。对钱的喜好，和其他事物一样，过犹不及，太过沉迷就会像张爱玲笔下的曹七巧一样，一辈子都戴着黄金的枷锁。我有时也觉得自己太想发财了，需要浇浇冷水。

当然，并不是每个爱钱的人都能挣到大把银子（要是这样画等号我早就发达了），但我总觉得，有钱的人基本都爱钱。

不要动不动就把这些话挂在嘴边：我对钱没什么追求，我不爱钱，钱够用就好，钱不重要。

相信我，真的有吸引力法则，别让你的轻慢赶走了财运。请千万记住这句话：你视金钱如粪土，金钱见你绕着走！

在功利的世界里，做一个不势利的人

有段时间，朋友圈被一个台湾的公益广告刷屏了。

在这个名为《致25岁还一无是处的你》的广告里，台湾104基金会请来了几位企业界大佬，对一些匿名求职者的简历进行评估。

第一份求职简历，A先生，成绩好，学历漂亮，但十几年都没有工作经验，一直宅在家里。

第二份求职简历，B先生，年轻，25岁。工作经历丰富，做过洗车员，还做过面包学徒，但只有中学学历。

第三位求职者C，他每份工作，都是工作一个月。

毫无疑问，大佬们对这三份简历都瞧不上眼。

结果答案揭晓，第一位A先生，是大导演李安。第二位B先生，是知名面包师吴宝春。第三位C，是朋友的孩子……

广告最后说：没有了偏见，留给年轻人的就是无限。

广告说的是偏见，我看到的却是势利，当然，势利本身就是偏见的一种。

为什么很多人都被这个广告打动了？一是因为拍得走心，二是因为大多数年轻人都感受过来自成年世界的势利。

世界是势利的，对于一穷二白一无是处的年轻人更是如此。有多少年轻人像广告中的求职者一样，苦苦期待着世界能够给他一个机会，结果等到的却是冷漠和轻视。他们要遭受无数次白眼，才能获得一点点微不足道的机会。

曾经看过一部电影叫《莫欺少年穷》，说的是黄家驹年轻时的故事，可在现实社会里，不欺少年穷的人太少了。尤其是在奉行丛林法则的当今社会，少年们想要往上走变得格外的难。

势利社会有一套衡量人的标准，凡是不符合这个标准的人都会被排除在外。你不是名校生、你没有工作经验、你没有名气、你不够资深，任何一条都足以将你拒之门外。

这个时候，除了自己加把劲努力外，你只能向上天祈祷，会有那么一个人，或者那么一家公司，愿意给你一个机会，让你试一试。

幸好我们身处的世界并不是铁板一块，势利虽然是主流，可总还有那么一小撮不势利的人，他们没去理会那些条条框框，他们愿意对你伸出双手。

这样的人，我们通常称之为贵人。我在找工作和找出版的路上，就遇到过不止一个贵人，感谢他们，让毫无相关经验的我，得以进入一个全新的行业，让从来没出过书的我，得以出版人生中第一本书。

我相信每个人都遇到过自己的贵人，不管你遭遇过多少冷漠，总有一些人，曾给予过你善意和温暖。大至工作机会，小至一个饭团，甚至只是一句暖心的话。

一个读者曾告诉我，她刚毕业去了一所学校教书，是同批老师中唯一一个不是从名校毕业的。一开始学生不服管束，为此她屡屡被领导和同事质疑，怀疑她的工作能力。有次她因为学生太吵闹在办公室偷偷哭了起来，一个男同事见了，过来轻轻说了句：我们都是这么过来的，你只是需要时间。就是这么一句话，让她得到了安慰，最终熬过了那段艰难的时光。

韩信落魄时，三餐不继，在河边清洗衣物的漂母给了他一顿饭。后来他功成名就，以千金报之。一饭之恩，也许很多人觉得算不了什么，可对于一个饱受白眼的人来说，其分量远在千金之上。

世界越冷漠，就越显得温情可贵。世界越势利，我们就更要感谢那些不那么势利的人。

势利的存在自有其合理性，至少它可以催人奋进。

很多时候激发我们奋力争上游的不是因为爱，而是因为不甘心，不服气，不想被人看成一条咸鱼。

我不明白的是，为何那么多曾经遭遇过势利眼的人，在取得了俗世认可的成功后，一转身就开始歌颂起这个势利的世界来。以前的人势利起来至少还要遮层面纱，说明他们潜意识中认为这是不对的，现在的人倒好，势利得明目张胆。

他们总是将自己的成功完全归结于自己的努力，果真如此吗？除了自己的努力，他们就没有得到过任何人的帮助和提携吗？若世上人人都无比势利，只怕阶层早已固化，上升的渠道将越来越窄。在一个全然势利化的社会里，一穷二白的年轻人可能将得不到任何机会，一辈子也翻不了身。

如果你曾经尝过被人轻慢的滋味，想必知道那滋味并不好受。努力的意义，是不把这个世界让给我们憎恶的人，而不是把自己变成曾经深恶痛绝的人。

多少人曾经痛恨他人的势利，等他们掌握话语权后，又转而成为势利世界的一分子，用别人对待过他们的方式，来对待其他人，甚至更变本加厉。

可能我是个老派的人吧，向往的还是《论语》中所说那种"富而无骄，贫而无谄"的境界。

在成长的路上，我当然受过冷眼，但我更愿意记住那些难得的善意，并将善意继续传递下去。我不能保证，自己一点都不受势利的影响，只能力求在这个势利的世界里，尽量做一个不那么势利的人。

我永远记得，在自己众叛亲离的时候，一个朋友给流落异乡的我打电话：

"就快过年了，我替你去看看你奶奶吧。"这件事教会了我，今后不管哪个朋友如何落魄，我都应该不离不弃，就像我曾经的朋友一样。

我永远记得，刚在网络上混时，一些并不认识我的大V们纷纷推荐我的文章。所以后来有人想让我帮忙推荐，只要他写的文章不是太过于上不了台面，我都会尽力而为。

要消除势利之心是件很困难的事情，趋炎附势可能是人之本性，就像我们去看一本书，很多人都是带着势利眼去看的，拿过大奖的作品即使写得不好，也很少有人有胆量指出它不好。

以势利来评判万事万物，最大的弊病是只剩下了成功与否一个标准。一本书如果没拿过奖，又卖得不好，人们就会觉得作者写得不好。一个人如果没有功成名就，就会被大家唾弃，你穷你活该，你弱你没理。在势利的社会里，每个人每样东西都有它的价格，至于价格背后的价值，是没有人去关心的。

势利社会的结构就像一座金字塔，不少已经攀爬至顶的人坐在塔尖，冷眼看着比他弱比他穷的人往上爬。当你问他们，为什么不拉这些人一把时，他们会冷笑着告诉你：我当初奋斗的时候，也从来没有人拉过我。

话是这么说，可如果你当初曾那么渴望有双手能拉你一把，为什么现在就不能做那个率先伸出手的人呢？就算不伸手去拉，也请不要往那些攀爬的人身上踩上一脚。

假如命运亏待了你

姑姑在她四十一岁这年，和人合伙开了一间美容院。

这是她第N次创业了。自从三十岁那年她和姑父双双下岗以后，姑姑卖过服装、开过饭馆、推销过玫琳凯，甚至还远走贵州开过洗脚城，结果无一例外以亏本告终。人们都说，奸商奸商，无奸不商，像姑姑这么善良老实的人，做生意怎么赚得到钱？连她本人也不忘自嘲说："我这个人，天生就不是块做生意的料。"

如此折腾了几年之后，姑姑原本攥在手里的一点点存款全部打了水漂，还欠下了一屁股债。生意最惨淡的时候，是和人一起在县城开服装店，店子开在新的步行街里，一串儿四个门面连着，看上去气派得很。当时姑姑是借了高利贷准备去打翻身仗的，谁知人算不如天算，步行街人气始终不旺，生意也跟着一落千丈。

那年暑假我去看她，偌大的服装店只有她一个人守着，为了节省开支，连卖服装的小妹也不请了。中午吃饭时，小表妹也在，我突然懂了事，推说不饿三个人只叫了两份盒饭，姑姑还是保持着热情的天性，一个劲地往我饭盒里夹肉丝，自己光吃青椒了。

服装店没撑多久还是关门了。姑姑还算平静地接受了这个现实，为了还债，更为了一双儿女，她去了好姐妹开的超市里打工，说是售货员，其实收银、推销什么都做。超市货物运来时，姑姑帮着搬上搬下地卸货，有时做饭的回家去了，她也帮着料理一大群人的伙食。其实她的本分只是售货，可姑姑说："都是很好的姐妹，能搭把手就搭把手，计较那么多干吗。"姐妹为人和气，见了她还是和以往一样亲热，但工资并没给她多开，过年的时候发给她和员工的红包也是一视同仁，都是一百块。

姑姑的腰椎病，就是那时候落下的，毕竟，有些货物像酒水饮料什么的着实不轻，三十岁以前，她过的是养尊处优的少奶奶生活，哪里干过这样的重活。每次卸货之后，腰都会酸痛好几天，有时胳膊都抬不起来了。

为了小表弟上学方便，姑姑一直住在镇上。她在镇上是没房子的，还是从前的姐妹出于好心，借给她一间房子暂住。我去她住的地方看过，通共一间房子，搁着两张床，吃饭睡觉都在这间房子里，平常她和姑父带着小表弟住，表妹回来了也住这儿，看着未免有几分心酸。屋角摆着个简易衣橱，拉开一看，好家伙，满满一衣橱的衣服裙子，都熨得服服帖帖挂得整整齐齐的。再看看姑姑，小风衣披着，紧身裤穿着，摩登的样子一丝丝不改，真像是陋室中的一颗明珠。我这才发现，原来自己的心酸是太过矫情，到哪个山唱哪首歌，人家瞧着姑姑是落魄了，她其实过得好着呢。

再后来，姑姑连生了两场大病，先后摘除了子宫和阑尾。人看上去憔悴了不少，脸色远远没有年轻时那样光彩照人了，只是穿着打扮仍然丝毫不松懈。我问起她的病，她就撩起衣襟给我看她小腹上的两道疤，两道粉红色的疤痕凸现在她雪白的肚皮上，看上去略有些可怕。我看了眼就掉转了头，她却开玩笑说："这要再生个什么病，医生都没地方可以下刀了。"

谁都以为姑姑会在超市里一直干下去，直到干不动为止。没想到事隔多年以后，她拿出多年来和姑父打工积攒的辛苦钱，又一次投身商海。当然，这次她保守多了，只是美容院的小股东，而且兼职店面看管人，每月能拿固定工资，不至于一亏到底。开美容院这个行当还真适合姑姑，她打小就爱美，不管处于什么样的境地都把自己收拾得光鲜体面，小镇上的人一度拿她当时尚风标，说起她来都爱叹息自古红颜多薄命。

姑姑薄命吗？兴许是的。从三十岁以后，命运从来都不曾厚待过她。病痛穷困就像那两道面目狰狞的疤痕，印在了她的身上，可是姑姑既不怨天尤人，也不妄自菲薄，而是带着那两道疤痕坦然地、面带微笑地活下去。

最近姑姑加了我的微信，她仅仅只读过初中，使用起微信来却并不生疏。我经常看她在朋友圈里上传一些美容、养生的内容，想象着在老家美容院里温言细语为顾客服务的姑姑，心头时常会响起她劝我的话："媚媚，人这一生啊，说长不长，说短不短，别计较那么多，什么事情都要想开点，吃点亏不用放在心上。"

姑姑已经41岁了，这两年苍老了很多，可是在我心中依然那么美丽，听说她现在还有追求者呢。姑姑的故事常常让我想起《倾城之恋》中的白流苏：你们以为我完了，我还早着呢。

这是我姑姑的故事。

我还想说说一个朋友的故事。

阿施是我采访中认识的，地地道道的广东本地人。要说全中国还有哪个地方的女孩子还保留着古代女性温柔娴雅的本性，可能非广东莫属。阿施是货真价实的"靓女"，人生得高挑秀丽。我生完瓜瓜后，她来家探我，走之后我妈再三质疑："你确定她真的是广东人？"在我妈心目中，广东人长相有返祖倾向，她完全想象不到，广东土著中还有这样的美女。

人一美就容易恃靓行凶，阿施却完全没有这样的倾向，她岂止不凶，而且还温柔得很，说起话来总是和声细语的，配上动人的微笑，真让人有如沐春风的感觉。我老公和她接触不过两三次，每次都感叹说，想不到天下还有如此温柔的女子。当然，参照物如果是我的话，这个标准有点低，不过阿施的温柔可见一斑。

阿施可以说是天之骄女。出生在小康之家，父亲是医生，大学毕业后就顺利考上了公务员，又嫁了个疼爱她且前程似锦的老公。这样的生活，顺风顺水得足以令广大女性嫉妒。我承认，尽管阿施平易近人，有时候我还是会觉得和她之间颇有距离感，因为彼此境遇相差太远。

我采访阿施的时候，正是她人生的巅峰。那年是虎年，她的本命年，正好我们要找十对属虎的新郎新娘采访，阿施就是这十位新娘中的一位。当时她向我描述新婚燕尔的生活，言语间不时流露出初为人妻的甜蜜。我记得她发给我的照片，穿着白色的婚纱，赤足踩在海滩上，对着老公一脸灿烂的笑，她的身后，是碧蓝的大海。

长久以来，阿施给我的印象，就像这张照片一样，美得不染人间烟火。我有时想，天使落入了凡间，或许就是她这个样子。

直到我也做了母亲，两个人比以前亲近了些，有次吃饭时聊起家庭，她忽然问我："你知道我家里的事吧？"我懵懂地摇了摇头。阿施想了想，终于开口说："我老公出了场车祸，很重的车祸。"我一下子懵了。

变故发生在一年前，那时阿施刚生了宝宝不久，孩子只有两个月，她老公就因疲劳驾驶出了场车祸，车撞得完全变了形，人也撞得七零八碎。她老公在ICU里住了小半年，这期间阿施的妈妈也生病了，查出来居然是癌症，父亲要上班，家里家外都是阿施一个人在忙，怀里还有个嗷嗷待哺的小娃娃。最痛心的是，婆婆不但不帮她，还指责她没照顾好儿子。

再难熬的日子也会挺过去，等到阿施向我诉说的时候，事情已经过去了一年，老公还在住院，正在缓慢康复中，可以不用拐杖独立走一段路。妈妈的病没有恶化，生活能够自理。宝宝也长大了，会走路会说话，还会给妈妈倒水疼妈妈啦。

"我都不知道自己是怎么熬过来的。"说到这些，阿施眼圈有些发红，很快又恢复了微笑。她说，"最艰难的时候，都想过要放弃了，那些日子里，儿子就是她生命中唯一的光。"

我看着面前的阿施，她还是那么靓丽温柔，我根本想象不到，在她身上曾经发生过这么大的不幸。我和她认识以来，似乎一直都是她在关心我工作上有什么烦恼，采访时想要找本地人，都是找她帮忙，在过去的一年里，这种状况也没有什么变化，每次我在QQ上和她说话，她都是事无巨细地一一解答。

在她的空间里，我常常看她晒一些旅行、聚会、和朋友吃饭的照片，照片中阿施看上去开心心的，只是比以前瘦了些，我何曾想到，在她产后暴瘦的背后，有着这样的变故。长久以来，阿施就像一轮小太阳，向身边的人散发着光和热，这些人就包括我，可是我居然不知道，小太阳的内心早已经燃烧成了灰烬，曾经面临着完全冷却的困境。

"其实也没什么啦，也许是老天以前对我太好了，所以要考验一下我。"阿施说，在过去的一年里，她使出了全身的力气去努力生活，努力照顾好每一个家人，把自己打扮得漂漂亮亮的，儿子生日时让人上门拍亲子照，把全家都安顿好了还抽空去了次泰国，最后她发现，原来一直习惯被人照顾的她，也可以这么能干。

说到未来，阿施对老公的彻底康复并不是特别有信心，她唯一可以确定的是，不管处于什么样的境地，都让自己的生活保持"正常"的样子。"如果我都倒下了，一家人还怎么支撑下去。"阿施掏出手机给我看她的亲子照，照片上，她抱着儿子，两个人都在笑，比起海滩上的那张照片，她的笑容不再那么无忧无虑，而是多了一些沉甸甸的内容。我怎么觉得，这些沉甸甸的内容令她的美更有质感了呢。

如果你还想听的话，我还可以说出很多这样的故事，我奶奶的故事、胡遂老师的故事、小邬师姐的故事、保安小王的故事、我自己的故事。

是的，我之所以会说这些故事，归根到底是为了在他们的故事中找到支撑我前行的力量。这些年来，我一直过得很不开心，有时我问自己："你为什么这么不开心呢？"抱怨成了我的常态，只要是和我走得近的人，都听过我的抱怨。我总是想不明白，凭什么我这么努力，却一直得不到回报？凭什么人家可以轻松自在，我却要这么辛苦？凭什么不公平不走运的事，都要落在我的头上？

我一直认为，命运亏待了我。到底是不是这样呢？答案已经不重要了，当你听完姑姑和阿施的故事，就会发现，即使命运亏待了你，即使生活辜负了你，你也要做到，不辜负自己、不放弃自己。那么多人在用力生活着，那么多人背负着伤疤仍然不忘微笑，我如果再不打起精神活下去，又怎么对得起老天赐予我的生命。

人是多么脆弱，每一次苦难都会在我们身上留下难以磨灭的伤痕；人又是多么坚强，只要苦难不足以致命，就会在泥泞中挣扎着站起来，重新出发。

我们无法选择命运，我们唯一可以选择的是，当命运露出狰狞的一面时，坦然无畏地活下去。

做人最要紧是姿态好看

作为一个以写字为生的人，每天上午是我雷打不动的写作时间。

这天，正对着桌面上的空白文档发呆时，一个朋友给我发来了微信：慕容，你最近状态是不是不太好啊？

我是那种死鸭子嘴硬的人，想也没想就回答说："没有啊，还好吧。"

她发来一个流汗的表情："可我觉得你状态有点问题啊。"

我心里咯噔一声，问她："何以见得？"

她发来一长串话，大意是：我看你最近的文章，都散发着一股浓浓的焦灼气息。

这个朋友是由读者发展而来的，我不得不惊叹她的火眼金睛。

我最近的状态岂止是不太好，简直是糟透了。

为什么糟？

可能是我给自己的压力太大了。从当初辞职那会儿开始，我就憋着一口气，整天埋头写啊写，发誓要写出个人样来。

除了写书外，我还注册了一个公众号，立志要把这打造成自己的平台。好几个月过去了，不仅没有什么起色，阅读量还屡创新低。

我一着急上火，就忍不住频频更新，想以曝光率来换取点击率。结果事与愿违，我更新得越频繁，阅读量就越低。有时精心写出来的文章，竟然才一千多的阅读量，眼泪忍不住在心里哗哗地流。

为了克服焦虑，我唯有更拼命地写啊写，可这种忙碌除了看起来很努力外，并没有给我意想之中的回报。有时候写着写着我会停下来自问："老天啊，难道你看不到我的努力吗？"

过完年后，这种长期以来的慢性焦虑演变成了焦灼，我的睡眠变成了婴儿式的，睡着睡着就突然惊醒过来，脑门上没完没了地冒痘，要知道，我在青春期都没长过痘啊！我向来手快，以前是下笔千言，倚马可待，现在却对着打开的文档，迟迟不知从何写起。

朋友的关心触动了我的心事，我有点委屈地说："我已经尽力了啊。"

过了一会儿，朋友发过来一行话："慕容，你知道你的问题在哪里吗？你不是不努力，你是用力过猛了。你要悠着点儿，你知道吗，你以前写得可放松了，嬉笑怒骂皆成文章，现在……

这个朋友并不是第一个这样评价我的人，"用力过猛"一直是身边人对我共同的印象。坦白说，我以前还拿这当夸奖呢，甚至曾引以为豪，觉得这样的活法才算是不负此生。直到深受其害，才明白过来。

我觉得我可以写一篇文章，叫《用力过猛是如何毁掉我的人生的》。

说到"用力过猛"的害处，可能很多人还不太明白，因为所有鸡汤都在告诉你要做个狠角色，要倾我所有去生活。殊不知，努力也要掌握好分寸，用力太甚的话，一不小心就会弄巧成拙。

环顾身边，有太多因"用力过猛"而适得其反的例子。

比如说，减肥。

但凡有过减肥经验的都知道，凡是那种一上来就对自己下狠手的人，减起来快，反弹起来更快。认识一个姑娘就是这样，不知从哪儿学来的21天减肥法，那21天内，基本只吃草，喝白开水。一个周期下来，少说也能瘦个十几斤，但过了21天后，怎么都挡不住想吃肉想吃甜品的诱惑，没多久就把自己吃得滚圆了。

再比如说，学习。

以前读书的时候我就发现，那种读起书来恨不得头悬梁、锥刺股、晚晚都要开夜车的同学们，成绩往往不会太好；那些迷恋一个月英语口语速成、二十天读完二十本书的人，往往只是三分钟热度。学霸们基本不开夜车，爱读书的人从不会想着一天就要读完一本书。

还比如说，恋爱。

那些情路坎坷的姑娘们，往往都是爱起来用力过猛的。萧红就是如此。我是萧红的粉丝，但不得不承认，她在感情上有些过于炽烈。她不是不爱萧军，而是太爱他了，因为爱他，所以容不下他对自己一丝一毫的冷淡；因为爱他，所以才拼了命地博取他的尊重。就像一个任性的小孩，不停哭闹，只为了让大人多看他一眼。

这样炽烈的爱情就像一场大火，把两个人都烧得遍体鳞伤。

用力过猛的人，都犯有一个毛病，就是急于求成，急于变瘦，急于出名，急于爱得天崩地裂。

用力过猛的人，往往成不了高手。一是因为太高强度的努力无法持久，结果一曝十寒，变成"间歇性努力"；二是弦绷得太紧，就容易断裂。

真正的高手从不用力过猛，他们都是举重若轻的。

举重若轻首先是一种能力。

一般人遇事就容易惊慌失措，但高手不会，因为他有足够的底气。

东晋时的谢安就是一个很好的例子，淝水之战时，前秦的兵力是东晋的十倍，将士们都很紧张，谢安却镇定自若，布置好军机要务后，就悠哉游哉地留守在家里。当晋军在淝水之战中大败前秦的捷报送到时，谢安正在家里下棋。他看完捷报，便放在座位旁，不动声色地继续下棋。客人憋不住问他，谢安淡淡地说："没什么，孩子们已经打败敌人了。"

你可能以为谢安这是在装，可反过来想想，如果他不是事先就把一切都筹谋好了，哪能如此淡定。换句话说，你只有十分牛，才有本钱静静装。

举重若轻更是一种态度。

我的偶像亦舒就是这样一个举重若轻的人。很多写作者都被如何写出传世之作而苦恼，亦舒的高明之处在于她不拿自己的才华当回事，不会因为深信自己是个天才，就咬着牙铆足了劲想写出一部绝世之作来让众人羞愧，而是漫不经心地写着一个一个熟极而流的所谓言情故事，偶尔露出峥嵘一角。这样的结果当然是让有些人为她惋惜，觉得她原本可以写出更好的作品，可那有什么关系，反正人家就花了七成力气，剩下的力气都好好攒着悠游度日呢。

"做人最要紧是姿态好看。"亦舒是这么写的，也是这么做的。

举重若轻还是一种技巧。

真正的高手，都深谙"四两拨千斤"之术，他们懂得以己之长，克敌之短，擅长占领大家都轻视甚至忽略了的市场。我一个朋友就是这样，他创过很多次业，前面几次都失败了，后来他总结经验认为，那是因为他闯入的领域高手如云，很难杀出重围。这之后他转而投身饮品界，理由是这个领域鲜见高手，结果果然做得风生水起，碾压了众多同行。

高手们不是不努力，而是懂得如何高效而聪明地努力。就好比练武功，低手们都在用蛮劲，高手们都在用巧力。低手们总是忙于学各种花拳绣腿，希望能多掌握几门功夫，高手则踏踏实实地修炼着内功，一朝功成，飞花摘叶，皆可伤人。低手们在乎短期目标，总以"我一天做了多少事"而沾沾自喜；高手们在乎长期目标，不在于一天做了多少事，而在于每天能坚持做多少事。

他花的时间远远比你少，他的姿态比你好看，他的效果还比你好得多，这就是高手和低手的区别。

那么低手如何修炼成高手呢？

不妨来看看剑魔独孤求败的成长历程，他一生共用过四柄剑：

第一柄是一柄青光闪闪的无名利剑，凌厉刚猛，无坚不摧；

第二柄是紫薇软剑，三十岁前所用；

第三柄是玄铁重剑，重剑无锋，大巧不工，四十岁之前恃之横行天下。

第四柄是柄已腐朽的木剑，原因是独孤求败"四十岁后，不滞于物，草木竹石均可为剑"。

从利剑到软剑，再到木剑，看来所有从低手到高手的人，都要经历这几重境界，我们简化一下，分为三重境界：

第一重是举轻若重，分不清重点，眉毛胡子一把抓，在无关紧要的小事上耗费太多精力；第二重是举重若重，你很想集中精力做好一件事，也费了全力去做，但就是做不好；第三重则是举重若轻，做什么都如庖丁解牛，游刃有余。

你到达了哪重境界？

我估摸了一下，自己大概刚刚进入第二重境界吧，离举重若轻还差得太远。

不过没什么，人生是场长跑，起跑摔一跤，跑得偏一点都不要紧，现在就开始调整一下跑步速度，换一个舒适的跑步姿势，瞄准目标，让我们一起慢慢地朝它跑下去。

图书在版编目（CIP）数据

世界正在惩罚不改变的人 / 慕容素衣著. —— 北京 :中华工商联合出版社, 2018.1
ISBN 978-7-5158-2182-5

Ⅰ.①世… Ⅱ.①慕… Ⅲ.①人生哲学—通俗读物Ⅳ.①B821-49

中国版本图书馆CIP数据核字(2018)第007114号

世界正在惩罚不改变的人

作　　者：慕容素衣
责任编辑：于建廷　效慧辉
策　　划：刘　吉
封面设计：仙　境
内文设计：季　群
插　　画：闫听听
责任印制：迈致红
出版发行：中华工商联合出版社有限责任公司
印　　刷：北京中科印刷有限公司
版　　次：2018年4月第1版
印　　次：2018年4月第1次印刷
开　　本：710mm×1000mm 1/16
字　　数：220千字
印　　张：16.5
书　　号：ISBN 978-7-5158-2182-5
定　　价：45.00元

服务热线：010—58301130
销售热线：010—58302813
地址邮编：北京市西城区西环广场A座
　　　　　19—20层，100044
http：//www.chgslcbs.cn
E-mail：cicap1202@sina.com (营销中心)
E-mail：gslzbs@sina.com （总编室）